［福島県の］自然保護の歴史

星　一彰

kazuaki hoshi

自然保護運動の原点・尾瀬

▲尾瀬沼

▼大江湿原（ニッコウキスゲ）

▲沼尻川（只見川源流部）

▼尾瀬が原

▲生まれ育った奥会津(安定した森林生態系)

▲故郷の川(奥会津・阿賀川源流桧沢川)

▲会津盆地飯豊連峰／左上・残雪とコバイケイソウ

▲日本の農学発祥地（東京・駒場水田）

▲県立高校教師(生物部OB会の活動)

▲生物学的水質調査(長瀬川水系・酸川)

▲ヒゲナガカワトビケラ確認(阿武隈川・白河)

▲全国自然公園大会（長瀬川と酸川合流点）

阿武隈川源流部

◀全国小学校教員環境教育担当者現地研修会(西郷)

▶ヤマザクラとカスミザクラ(福島・信夫山)

▲田園都市福島(美しい自然景観)

▼吾妻連峰森林生態系保護地域(残雪の鎌沼)

▲福島県花ヤエハクサンシャクナゲ（吾妻連峰）

▲自然観察会（土湯）

▲水生生物観察会（小鳥の森）

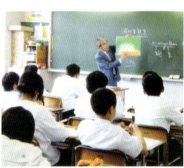
▲ゲストティーチャー（中学校総合学習）

▲森林生態系の保全と生物多様性
（記念講演・福島森林管理署）

▲自然保護問題テレビ解説

▲美しき福島県の自然（猪苗代湖）

▲裏磐梯の代表的自然景観（るり沼）

▲裏磐梯（中瀬沼）

▲青沼（裏磐梯）

▲トンボ類の豊庫（裏磐梯・星沼）

▲中学生リーダー研修会（裏磐梯・自然教室）

▲クロカンスキーによる雪上自然観察会(裏磐梯)

▲幻の沼発見（裏磐梯）

▲ミズバショウ（南会津・駒止湿原）

▲NHK学園自然観察スクーリング（雄国沼）

▲カラムシ栽培（昭和村）

▲落葉樹林帯（只見町布沢・熊の沢）

▲自然生態系（尾瀬・重兵衛池）

▲尾瀬国立公園（会津駒ヶ岳）

▲尾瀬国立公園（田代山）

▲尾瀬の水資源（ブナ原生林真夏水温9℃）

▲オゼイトトンボの連結交尾

▲ネムロコウホネ（オゼネクイハムシの食痕）

▲裏燧横田代池塘付近（ブロック移植18年目の復元地）

▲針葉樹林の観察

▲賢明な利用（尾瀬沼）

▲フィールド学習（尾瀬沼）

▲スーパーサイエンス　ハイスクール尾瀬研修（尾瀬ヶ原）

▲オゼコウホネ観察会(尾瀬ヶ原)

▲尾瀬保護指導員養成(尾瀬ヶ原)

▲自然復元地の観察（裏燧）

▲亜高山帯の解説（尾瀬沼山峠）

▲尾瀬現地調査

▲自然観察会（仙台野草園）

▲会津藩士顕彰碑（利尻富士）

▲尾瀬サミット（尾瀬沼ヒュッテ）

▲福島県立テクノアカデミー観光プロデュース学科（猪苗代・天鏡閣(てんきょうかく)）

福島県の自然保護の歴史

はじめに

　日本における自然保護、自然保護運動の原点は「尾瀬」といわれる。尾瀬は関東地方と東北地方の接点にあり、日本海側と太平洋側の境界でもある。尾瀬沼と尾瀬が原を含む山間部の盆地であり、東北地方の最高峰である燧が岳をはじめ至仏山など多くの山々に囲まれている。湿原と静かな沼、高山植物の群落、広大な森林に人々は魅せられるのである。特にヌマガヤを中心とした湿原は、多くの人々に安らぎ感を与え続けている。

　尾瀬はまた、動植物の宝庫でもあり、非常に多様性に豊んでいる。オゼコウホネ、オゼヌマアザミやオゼイトトンボ、オゼネクイハムシなど、独特の生物も多く見られる。現在、国立公園特別保護地区、特別天然記念物として大切に保護されている。

　日本の経済成長に伴って幾多の問題が発生してきた。特に只見川の上流部に超特大のダムをつくり、主に水力発電のため尾瀬が原を大きな人造湖とする計画が明らかになってきた。本来日本海側に流れる水を太平洋側に流す計画であり、尾瀬分水問題として注目され続けてきた。実際には分水というより、取水と表現すべき問題であった。

　尾瀬が原ダム計画に反対する学者や文化人が中心となって「尾瀬保存期成同盟」がつくられ、これが今日の日本最大の自然保護NGO日本自然保護協会として発展してきた。

　日本海側や東北地方を犠牲にして関東地方の発展を考えることは、明治以来の日本の中央集権的な発想で、東北を軽視し続けてきた日本政府の発想の延長上にある考え方である。1970年代には観光ブーム

となり、尾瀬に車道問題が発生した。尾瀬沼までの車道計画が明らかになり、多くの日本国民がこれに反対し、全国各地で反対署名運動が展開された。福島県内でも県都・福島市で署名運動が展開された。車道は途中でストップとなった。

　尾瀬が原のダム問題、そして尾瀬沼の車道問題などの経過から、自然保護運動の展開が尾瀬から開始され、尾瀬が日本における自然保護、自然保護運動の原点といわれるようになった。尾瀬は福島県会津地方の一部となっている。

　2011年（平成23）、福島県には新たに重大な原発問題が発生してしまったが、福島県の自然保護について、その歴史と思想について、詳述してゆきたい。本記述が福島県の、そして日本の未来を考える大きな示唆になることを祈りたいと思う。

目　次

はじめに ………………………………… 28

奥会津 ………………………………… 32
会津若松 ……………………………… 35
日本農学発祥の地・駒場 …………… 40
福島県立高校教師 …………………… 43
日本生物教育学会 …………………… 47
思想の科学研究会 …………………… 50
　　[東北小地域の近況から] …………… 50
　　[尾瀬の自然保護] …………………… 52
自然保護協会 ………………………… 56
自然観察会 …………………………… 61
　　[福島県教育委員会] ………………… 61
　　[中学生講座] ………………………… 61
　　[高等学校研修会] …………………… 62
　　[雪上自然観察会] …………………… 62
　　[国立施設] …………………………… 63
河川水辺道路環境 …………………… 65
　　[国交省、福島県] …………………… 65
　　[福島県教育委員会] ………………… 68
調査研究・学会 ……………………… 69
　　[生物学的水質調査] ………………… 69

[尾瀬自然保護指導委員会] ……………………………… 71
　　[水草研究会] ……………………………… 72
　　[日本造園学会] ……………………………… 73
　　[日本生態学会] ……………………………… 75
野外植物学講座 ……………………………… 77
　　[福島 Nature Center] ……………………………… 77
　　[吾妻連峰浄土平鎌沼] ……………………………… 78
　　[裏磐梯] ……………………………… 79
　　[甲子・白河方面] ……………………………… 81
　　[下郷町観音沼] ……………………………… 82
　　[駒止湿原] ……………………………… 83
　　[尾瀬] ……………………………… 84
　　[仙台野草園・東北大学植物園] ……………………………… 85
　　[日光東京大学植物園・湯の湖] ……………………………… 86
　　[北海道礼文・利尻] ……………………………… 88
　　[スイスアルプス] ……………………………… 89

受賞・主な役職 ……………………………… 92
おわりに ……………………………… 95

参考文献
著者略歴

奥会津

　福島県は日本で3番目の広い面積であり、特に会津地方は広大で、四国などの小県よりその面積が広い。会津地方でも南会津地方は、県庁所在地・福島市から遠く、奥会津と呼ばれてきた。行政的には尾瀬を含む南会津郡で南会津町、下郷町、只見町、桧枝岐村となっている。
　桧沢村（現南会津町）で生まれ、少年時代をすごした筆者が、福島県の自然保護その歴史と思想を考える場合、まずこの奥会津から論述してゆくのが最適と思われる。
　人間の精神や行為に最も多くの影響を及ぼす事項は、少年時代の自然環境や教育環境であろう。特に豊かな自然が注目される。
　桧沢川に沿った針生、静川、金井沢、福米沢、塩江、高野の6集落からなる小さな村であったが、源流部には天然記念物・駒止湿原があり、現在も動植物の宝庫となっている。山紫水明という表現が適した場所だ。
　川にはウグイ、アカザ、カジカなど多く生息し、動物性タンパク源の食用として貴重だった。裏山の沢にはサワガニやトウホクサンショウウオが生息し、産卵期に捕獲して食べていた。里山も有畜農業のため、毎年火入れをし、植物の遷移をストップさせ家畜の飼料を確保していた。そのためワラビ、ゼンマイ、ギボウシなどが多く生育、これらも貴重な野菜として利用、オミナエシ、キキョウ、ヤマハギなども多く見ることができた。有名な奈良若草山の山焼きも、現在は貴重な観光資源となっているが、農民の採草システムがその起原とされている。

現在、アカザ、カジカ、トウホクサンショウウオなどは、レッドデータブックふくしまで準絶滅危惧種に指定されている。豊かだった自然がしだいに失われている証拠であり、自然保護の考え方、思想が望まれるのである。豊かな自然環境こそ最大の教師であろう。

　教育的な環境はどうであったか、少し考察を加えてみる。父方の曾々父は、長岡藩士であった。越後・長岡藩の家老、河井継之助は文武に秀で、水練、馬術、槍術などにすぐれた才能を発揮した。だが1868年（慶応4）に鳥羽伏見の戦いで始まった戊辰戦争で長岡藩は敗れた。河井は親藩・会津に逃れ、再起を図ろうと、多くの家来とともに80里越えを決行したが、現在の只見町塩沢で戦死した。河井の家来の一人だった曾々父は、助けられて桧沢村に永住した。戦争については何も語らなかったが、無言で槍術訓練をくりかえしていたという。その反骨精神が子孫に受け継がれていると思われる。祖父は小学校校長から村長を務め、私が旧制中学（会津中学）入試のとき、はげましてくれた。

　母方の祖父は、米作中心の農業と林業を営んでいたが、日清、日露の両戦争に従軍させられた。軍隊に入営するのに南会津から郡山まで徒歩で1泊2日かかり、郡山から汽車で仙台の連隊に入営している。小学校教師を務めたが病気のため早死（満55才）した。日本の富国強兵策の犠牲者であった。

　明治時代の小学校は集落ごとに存在し、現在の下郷町の音金（おとがね）小学校の校長兼訓導となっているが、教師1名だけの小学校で、検定試験で苦労した記録が残っている。祖母も音金女子実業補習学校の教師を務めている。音金集落は那須山系最奥の集落で、現在もかやぶき屋根が少し残っている。残念ながら祖父は、私の出生3年前の死去のため、

当時の奥会津の農業そして農業生態系について直接話を聞くことができなかった。しかし残された多くのデーターから、くわしく理解することができた。自ら農業に従事し、カリキュラムも地域の産業と結びついたものを考え、実学教育、労作教育を重視した。植林など特に重視し、今日の緑の重要性にも通ずるものである。孫である筆者の時代まで受け継がれ、スギの植林や管理など経験している。

　1872年（明治5）、近代国家における学校を基盤とした近代職業人としての範囲に属する人間類型の「教師」が登場してきた。父は福島県師範学校を卒業し、1927年（昭和2）から県内特に会津地方の小・中学校に勤務した。特に出身地・桧沢村の中学校では産業教育を重視し、学校林の経営にあたった。今日の自然保護教育にも通ずる望ましい指導計画と思われる。

　自然的環境や教育的環境に恵まれた奥会津での生活は、自然に対する畏敬の念を持たせるのに十分であった。すべての人々がこのような状態が継続するなら、世界は持続可能な社会であり続けるであろう。1945年（昭和20）8月第2次世界大戦の敗戦（戦争の終結）により、すべての価値感が一変し、大困難が起きるが、子供達は相変わらず、自然相手に楽しく生活し続けていた。

会津若松

　戦争の終結によって大人は大混乱したが、国破れて山河ありで、子供達にとっては相変わらず暑い夏だった。桧沢川で水泳などを楽しんでいた。子供達が混乱したのは、教科書に墨を塗らされたときだった。軍国主義的な箇所の多かった国語の教科書などは、ほとんど読むところがなくなった。「何が正しいのか、何が真実なのか。とにかく勉強しなければ」と考え、旧制会津中学に進学した。中学には全会津から生徒が入学していた。学校は故郷・桧沢村から遠い会津若松市にあり、同市大町四之町の親類宅、室井照平商店（現在4代目が会津若松市長を務めている）に下宿した。当時は国鉄会津線の田島駅から若松まで約2時間かかり、田島駅までは徒歩だった。

　会津若松には、明治維新の傷跡が多く残っていた。下宿宅の食事場所の柱には、戊辰戦争（会津戦争）時の刃傷が多く残っていた。市内のあちこちに西軍墓地が多く見られた。会津戦争は、アメリカの南北戦争と同じような内戦、東西戦争と位置づけられていた。白虎隊の飯盛山にスケッチに行ったが観光客は皆無で、登る途中の商店もほとんど閉めきっていた。大戦中、白虎隊が軍国主義に利用されてきた、その反動であった。戦争は、最大の自然破壊であることが、会津若松の歴史風土から強く心にきざまれた。

　豊かな自然での生活が、急に会津の中心都市に変わったため、自然を求める気持が強くなった。そんなある日、若松市内の書店で「森の生活」を購入した。米国のソローが書いた名著だが、題名にひかれて

購入したのが正直な事実である。新聞紙のような翻訳本であった。実家に帰るたびにブナの原生林が広がる裏山の森に1人で入るようになった。著者ソローは、人生の精髄に触れたいと思い森に入り、閑（かん）の世界に至高の意義を与えたという。中学生が奥深い精神状態を理解することは無理だったが、生態的な考え方が芽生えた。

　学校制度が急に変更になり、いわゆる6、3制となる。県立会津中学は県立会津高校となり、現在の中・高一貫教育のように6年間、同じ学校で学ぶことになる。高校では山岳部に所属し、山歩きにはげんだ。飯豊山、那須山、南会津の七が岳それに磐梯山、当時は植物の生態を観察したり、生態的な考察を加えることではなく、ただ頂上目指して歩き続けたのが現実であった。しかし、会津若松を中心にどこに行っても広大なブナの原生林が存在し、注目せざるを得なかった。多様な種が共存する自然の森、階層構造の理解が必要不可欠であった。現在、遠くなってしまった自然と人との距離を縮めることが求められている。

　1900年代になり、文部省（現文科省）認定の通信講座がNHK学園（東京・三鷹）に準備され、自然観察入門講座が開設、通算20年間講師を務めた。自然観察に関する事項を通信教育で学ぶという日本初の試みも、経営的な面から継続困難となり、現在は開講してない。しかし、地方在住の多くの人々にとって、自然のしくみなどを学ぶ有力な手段であった。次に講師として参画したＰＲ誌「Nature Watching」に記した「私の自然観察の原点」について、その一部を引用する。

　「私が育った実家は、尾瀬に近い福島県奥会津の桧沢村（現南会津町）

で、そこには清冽(れつ)な川が流れており、ブナ(シロブナ)の原生林が多かった。現在ブナは、裏山の氏神様周辺にわずかに残っており、駒止湿原(出身村に存在)など、より奥地には多く残っている。そして、当時は農業に従事している人が多く、身近な自然は里山であった。里山の光合成生産物が、農業などの生活の基礎であり、燃料としての薪炭、家畜の飼料、肥料としての落ち葉(夏緑広葉樹林帯)など、すべて里山から入手していた。現代的に記述するなら、人間と生き物達が豊かに共存してきた姿がそこにはあった。子供達も農作業を手伝った。小学校時代(途中から国民学校)は、第2次世界大戦中でもあり、山菜採集が授業の代わりに実施され、山林原野の自然観察会が数多くなされた。生態的なことが理解できないと収穫物を多く得ることができなかったのである。体育の授業などは、夏は小川での水泳、冬は裏山でスキーと全く今日の自然観察そのものであった。子供達の遊びそのものが自然観察であり、現在の環境教育と言っても過言ではなかった。小川での魚取りなど、動物生態学上の諸問題を理解することによって、より多くの収穫物が得られたのである。このようにごく自然に、自然について学ぶという感じであった。

1980年代になって、学校教育より社会教育の分野で自然観察が多く実施されるようになった。私は小学校1年時の恩師の前で話をし、出身小学校前の小川で自然観察をすることができた。高齢者の小学校恩師の探究心には頭の下がる思いであった。自然観察は大変奥が深く、いつまでも飽きずに取り組むことができ、大きな楽しみでもある」。

会津若松での生活は6年間であったが、その後、高校教師として12年間会津若松で生活することになる。後年、福島県のブナ原生林

の保護運動を展開するのも、この会津若松での生活や考え方が出発点になっているようだ。福島県の自然誌「ブナと雪」というタイトルで朝日新聞（福島版）に文章を残しているので次に引用する（2006年1月14日付）。

　「奥会津の山里、南会津郡桧沢村（現田島町）に生まれ育ったので、気がついたときは、裏山にブナの原生林が多く、新緑の美しさが脳裏に焼き付いている。母がかなり大規模な農業を営んでおり、子供達は農業労働に従事しながら自然を理解していた。積雪が多く、冬にはスキーを楽しんだ。ゴム長靴を履き、今でいうクロスカントリースキーのようなものだった。

　福島県の植物分布状況（植生）を概括すると、浜通りの海岸線が常緑広葉樹が優占する照葉樹林帯、浜通りの内陸部、中通り、会津が落葉樹林帯となっている。人間の影響がない場合、どのような植生になるかを「潜在自然植生」と称しているが、照葉樹林帯ではシラカシ、アオキ、ヤブコウジなどが一般的だ。

　ただ、福島県では照葉樹林帯は海岸線にほぼ限られ、面積は少ない。そのほか、針葉樹林帯もあるが標高が高い亜高山帯に限られ、大半は落葉樹林帯だ。そこでは、ブナが優占種となっている。もちろん、ブナのほかにもコナラ、クリ、ミズナラ、ホオ、トチといった落葉樹も見られる。

　福島県のブナは大別して、「シロブナ」と「クロブナ」に分かれる。シロブナは会津に多く、一般的に「ブナ」と呼ばれるのはこのシロブナである。中でも、奥会津の原生林の面積は14万8千ヘクタールで、日本一だ。青森、秋田両県にまたがり、アジアを代表するブナ原生林といわれる世界遺産・白神山地よりも3倍ほど広い。

豪雪地帯として知られる奥会津のブナ原生林をよく観察すると、コシアブラ、ナナカマド、カエデ類、シダ類など高木、亜高木、低木、草本、コケ・地衣類の階層構造になっている。ネズミ、リス、ウサギなど小動物も多く住み、生態系の頂点に小動物を捕食するイヌワシ、クマタカ、ハヤブサなどの猛禽類がいる。

　ブナ原生林は光合成によって、空気中の二酸化炭素を取り込み、酸素と炭水化物を作り出す。その量は1ヘクタール当たり4.2トンで、ほかのどの落葉樹林よりも多い。例えばサワグルミやカツラが主体の天然林に比べると約1.6倍である。

　ところで生態系は「エコシステム」の日本語訳だ。エコが「生態」で生物が生きている状態、システムが「系」でまとまりを、それぞれ意味する。生態系では緑色植物（生産者）、動物（消費者）。微生物やミミズ、トビムシ、ダニ類などの土壌動物（分解者）の3者が、それを取り巻く環境とのバランスを保ちながらまとまっている。

　安定した生態系のためには、緑色植物が多いことが絶対条件だ。生産が多いと消費者、分解者も多くなり、物質循環がスムーズになるからだ。奥会津のブナの原生林に降る豪雪はゆっくりととけ、長期間にわたって水をブナなどの植物に供給している。その結果、緑色植物を豊富にし、生態系を安定させている。

　ブナの原生林は20世紀に伐採が進んだ。私のふるさとのブナも切り倒され、現在は裏山の氏神様の周辺に2、3本残っているだけだ。私は1960年代から、ブナ林の皆伐反対運動を中心に、県内各地で自然保護運動を展開してきた。県内の自然やそれにまつわる文化を紹介しながら、21世紀に私達が何をすればいいのかを考えていきたい」。

日本農学発祥の地・駒場

　東京は目黒区の駒場町、JR渋谷駅から井の頭線の東大前で下車し、前へ進むと都中心部としてはめずらしい雑木林に囲まれた水田が見られる。

　看板には「日本農学発祥記念の水田」と書いてあったが、最近、この看板に代わって「水田の碑」が建っている。駒場農学校の跡地、近代農学研究・農学教育発祥の地と記されてある。1878年（明治11）駒場野に開校した農学校の農場の一部で、わが国最初の試験田実習田として、近代日本の発展を支える渕源の1つをなした。ドイツ人ケルネルによるもので、「ケルネル田圃」ともいわれてきた。水源は今時めずらしい湧水池となっている。

　駒場農学校は、いくたびか学制をかえて、今日の東京大学農学部、東京農工大学農学部、そして筑波大学生物資源学類と、その歴史伝統の重みを刻みながら今日に生きている。私もこの地東京教育大学（現筑波大学）駒場寮で4年間生活し、卒論実験を実施することができた。農学部農学科花卉園芸学専攻で、グラジオラスの研究、一部比較実験のため長野県八ヶ岳の野辺山農場でも実験した。自然保護に関する農学的アプローチと自認している。

　福島県内には残念ながら現在も大学の農学部が皆無である。農業は自然の生態系を利用した産業であり、自然と共生しながら多様な価値観を認めながら発展してきた。その拠点として農村の発展をまず考えなければならない。地球規模の環境問題が現出し、生態系の危機に関

心が集まっているとき、農業とそれを支える農学には新たな取り組みへの大きな期待がかけられている。地球規模で農学を考え、農学が生態系を守る先頭に位置づけられようとしている。湿地保護のラムサール条約締約国会議（2008年）では、水田保全の決議もなされてきた。森林の効用などについても、人間が生きる上で大切な空気や水、食糧を作っていることが強調されている。

　このような時期に福島県に原発事故を含めたトリプル大災害が発生し、特に農業に大打撃を与えている。マスコミは、命を育む農業（農学）を専門的に研究する農学部の皆無が、福島県にとって致命傷であると報道するに至っている。1大農業県に農学系の学部の無いことは、1950年代から特に会津地方で問題となってきた。戊辰戦争（会津戦争）時、逆賊にされたことが、旧制高校が設置されなかった大きな原因とされる。全国のいわゆる雄藩が存在した地には旧制高校が設置されているが、会津藩と長岡藩がさけられ、新潟に高校が設置されたのである。会津に大学をという運動から会津短大（商学部）が設置された。会津産業懇話会などで会津に4年制大学をという運動から設置された会津大学には、農学系はない。

　1970年代福島県農業短期大学校に勤務し、花卉園芸学を担当、教科書「花卉総論」に園芸学会誌のデーターなどを加味し、講義を実施した。しかし、農学部への昇格運動も力なく、短大は消滅してしまった。草野心平作詩・団伊玖磨作曲の格調高い校歌は、お蔵入りとなってしまった。

　1970年（昭和45）、NHK放送世論研究所により、私も参画して実施した全国県民意識調査により、福島県民の意識は「伝統的日本人の

典型」とされた。伝統的日本人の典型を示している福島県民の繊細さを生かし、福島県民にしかできない自然に寄り添う渋い道を行くべきであろう。これまであまりにも政治家まかせ、専門家まかせだった自分達を反省し、社会や政治、そして未来に関心を払い、自ら考え、議論し、政治に注文をつけるだけでなく、自分達で担えることも探り続けていくことが期待されている。産学官民が両手をあげて、解決すべき福島県の課題は何か、総合的に考えていく必要がある。まず緑地や水辺など自然をうまく取り込んで熱をためにくい県土をつくること。熱を和らげることは、命を守るだけでなく、快適で魅力的な県土づくりにもつながる。

　福島県では、ふるさと産業おこし、農林水産業を基本とした村おこし運動を展開してきたが、まず地域の自然文化財として農作物の保護を強調しなければならない。例えば会津盆地の小菊カボチャ、昭和村のカラムシ、旧舘岩村のアカカブ、旧田島町の食用菊「南会の星」、坂下町のアザミゴボウ（立川ゴボウ）、金山町のアザキダイコンなど広大な福島県では多くの固有の農作物が考えられる。食用菊やアザミゴボウなどについては、山形大学の農学部園芸学教室と連絡を取りながら、遺伝資源の保護に努めてきた。

　福島県の生物多様性地域戦略づくりは、生物多様性保全に関する調査検討委員会などが多く開催され、私も委員長などを務め慎重に対応したが、まとめ印刷の段階で原発事故が発生してしまった。残念ながら正式印刷し、公表することができなかった。

福島県立高校教師

　1956 年（昭和 31）福島県立高校教師となる。学寮の先輩が県立高校の求人に応じ、県立保原高校の理科（生物）教師になった事例など見聞していたので、簡単に県立高校の教師になることができると楽観視していたが、この年から入県テストが実施されることになった。農業教師希望者が全国から 38 名応募した。学科テストのほかに小論文そして面接が実施されたが、福島県では定時制課程（主に農業科、家庭科）を縮少しているので、農業の教員は採用しないとのことだった。採用しないのに何故入県テストを実施するのか疑問に思ったが、専攻教授の世話で、園芸関係の雑誌を発行している会社に就職することを決めた。その直後に採用通知が送付されてきたので福島県立高校の農業教師になった。農業関係の採用は私 1 人であった。小論文の花卉園芸の振興策が評価されたのではと自認した。任地は県立川口高校で、戦後教育の機会均等の考えから分校（水沼、本名、昭和）が存在し、大沼郡昭和村で農業と理科（生物）を担当することになった。

　農場管理が大きな仕事となり、トマトの無支柱栽培やレタスの品種比較試験など試みたが、地域住民は、普通の作物であるネギやジャガイモなどを望んでいた。販売実習で苦労した。何か自然保護と結びついた調査・研究と思い学校周辺に多く自生するユリ科のヒメサユリ（オトメユリ、アイズユリ）の栽培を試みた。しかし農場に移植すると特にウィルス病が発生、これは環境の変化によるものだった。ユリ類にはめずらしいピンク色で開花が早いので、商品価値が高いと考えたが、

残念な結果だった。その後福島県農業試験場で栽培実験を試みたが成功しなかった。品種改良もなされず現在は野生状態を現地で観賞（喜多方市、南会津町など）する状態が続いている。

　昭和村では以前からカラムシを栽培している事実が確認できた。当時は最奥の大芦集落を中心に細々と栽培していた。山奥の山間部は昼夜の温度較差が大であることなど有利な栽培条件となっている。茎が折れやすく、霜を嫌う植物のため、周囲に風よけ栽培し続けて来た。古老の話によると1896年（明治29）、当時の帝政ロシアからの要請で、大芦集落から5年契約で栽培、加工技術を伝えた事実がある。ニコライ2世の夏の衣料として栽培されている亜麻に満足せず、日本のカラムシに着目したのであった。とにかく会津のカラムシが最優良品であったことが証明される事実ではある。現在、昭和村にはからむし工芸博物館があり、全国から織姫を公募するなど伝統産業の維持増進に努めている。

　積雪が多く、長い冬の楽しみはスキーである。学生時代からのクロスカントリースキー（距離スキー）を楽しみ、福島県体スキー（猪苗代）や国体スキー（米沢）に出場することもできた。後で雪上自然観察会と結びつけることもできた。

　その後、県立田島高校で生物の教師になった。自然保護教育や環境教育という言葉はまだ使用されていなかったが、各種文献特にアメリカの百科辞典にはConservationという言葉がくわしく説明されていた。自然保護、環境保全などと訳されている言葉である。

　当時田島高校の校地は福島県立高校で1番広い面積で、林業科が設置されていたので演習林もあった。那須山系の広大な演習林で、全校

生約600人による下刈り実習も実施していた。演習林の面積は四国のある農業高校についで全国で2番目に広い面積といわれた。最近は、県の森林環境税を使用して、森林環境学習に利用している。関東森林管理局の国有林野管理審議会（前橋）の会議によれば、現在宇都宮大学農学部附属演習林の面積より那須山系の高校演習林の面積が広いことが判明した。将来が楽しみだ。

　恵まれた自然環境なので、まず学校周辺の自然観察、そしてしだいに那須山や飯豊山への観察場所が広がって行った。特に生物部活動の一環として南会津郡田島町（現南会津町）長野の大岩にハヤブサが営巣している現場をくわしく観察することができた。学校近くの長野集落の旧家には、護巣申付書が秘蔵されている（1608年・慶長13）。会津の殿様が、鷹狩りに使用するためハヤブサを保護することを考えたのである。鷹狩りにはオオタカが使用されていたが、まれにハヤブサも使用されていた。阿賀川源流部の川原に野宿し、観察したところ、♀♂の1ペアが育離中であり、特に騒音に弱いことが確認された。早朝トラックの騒音（当時日光街道は砂利道）に警戒音キーッキーッを発生した。営巣場所は大岩のオーバーハングになっているところで、岩の凹地で育離していた。その後、国道の拡幅工事にダイナマイトを使用したため山奥に移動してしまった。自動車の発達により、その騒音に耐えていたが、ダイナマイトの騒音には耐えることができなかったのである。1600年代から営巣繁殖していたハヤブサが山奥に移動せざるを得なかった。追われゆく野鳥の事例として日本生物教育学会誌に報告し、『田島町史』（1881年発行）にも記述した。2000年代になり、県内各地で道路工事が急ピッチでなされてきたが、特に相馬福

島道路のルート決定に際し、ハヤブサ営巣地の霊前の岩壁をさけて、外側ルートが決定した。このルートはトンネル工事が多いルートであるが、騒音をさけて外側ルートとした。南会津町のハヤブサ調査研究が活かされたのである。

　その後、会津、福島、福島東などの県立高校に通算38年間勤務し、河川の生物学的水質調査など継続し、生涯一生物教師として県立高校を卒業した。教育こそ現在の日本にとって最重要課題であろう。生涯追及することが望まれる。

日本生物教育学会

　日本生物教育学会関係で、望ましい生物カリキュラムの研究など各種の調査研究を発表し続け、1969年（昭和44）になって全国大会を猪苗代町の国立磐梯青年の家（現青少年交流の家）で開催することになった。県立会津高校生物学教室に大会事務局を置き、日本全国から、大学から幼稚園までの教師126名が集合した。大会テーマは「自然保護のための野外実習はいかにあるべきか」で、当時まだ自然観察という言葉は使用されていなかった。裏磐梯でのフィールドを中心にグループ（鳥類、昆虫類、地中生物、クモ類、多足類、森林・草本生態、水生生物、地学）ごとの自然観察会を実施、夜は討論と3泊4日間がフルに活用された。私は大会事務局長として無駄な時間のない進行を試みた。大変有意義な全国大会であったと、多くの参加者から礼状をいただいた。中には私は桑名藩の出身だが、会津での大会は誠に有意義であったなどと記述されてある礼状もあった。戊辰戦争をともに戦った会津藩のことが頭に浮かんだらしい。まるで徳川時代に逆もどりしたような感じであった。とにかく裏磐梯を中心とした福島県の自然が一級品であることが確認できた。そして全国大会は、1977年、1983年と県内で3回開催できた。

　全国大会に参加し、自然観察の重要性を認識したグループによって自然観察指導員養成講座（日本自然保護協会）へと発展し、福島県内でも磐梯山周辺のほかに福島県民の森や国立那須甲子少年の家（現青少年交流の家）で養成講座が開校され、現在までに合計6回開催して

いる。特に磐梯山周辺で開催された初回は、東北，北海道で初の試みであったため、遠く青森県の高校生物教師や北海道釧路博物館の学芸員なども参加した。私も地元講師として参加し、福島県の尾瀬を中心にスライドなどを使用して現地の調査研究などを紹介した。誕生した自然観察指導員の研修会などを実施して実力を養成、学校教育や社会教育の場で講師を務めてきた。生涯学習という言葉は未だ使用されていなかった。そして、最初に自然保護教育と説明してきた事項も1900年代に文部省（現文科省）によって環境教育とPRされるようになる。これは諸外国のenvironmental educationの直訳であった。

　日本生物教育学会誌「生物教育」に発表した主な調査研究事項を次に列記する。
○追われゆく野鳥（ハヤブサの場合）　1963年（昭和38）
○高校通信制課程における生物教育の諸問題　1965年（昭和40）
○高等学校における生物カリキュラムの研究　1966年（昭和41）
○自然保護をどのように学習内容にとり入れて指導したらよいか　1967年（昭和42）
○シンポジュウム・自然保護教育はいかにあるべきか（話題提供）1970年（昭和45）
○地方小都市における観光庭園の現状と問題点　1971年（昭和46）
○地方小都市における自然保護運動の現状と問題点　1971年（昭和46）
○尾瀬の自然保護　1978年（昭和53）
○自然保護教育の1つの試み―土壌動物の調査―　1980年（昭和55）
○緑の復元に関する研究―尾瀬横田代を事例として―　1986年（昭

和61）
○阿武隈川の生物学的水質調査　1988年（昭和63）
○環境教育のための教材開発―アミメカゲロウの継続的研究―　1993年（平成5）

　福島県内には、高校教育研究会理科部会があり、毎年県大会を開催し研究集報を発行していた。支部報を発行する場合もあった。私は最後に県北支部長として調査研究をまとめた。次に自然保護に関する主な調査、研究報告事項を列記する。
○福島県会津山間部における農業ビジョン　1966年（昭和41）
○教師より見た現行生物教科書の欠点とその改善点　1967年（昭和42）
○理科Ｉにおける自然保護教育　1984年（昭和59）
○尾瀬の水質汚濁と植物　1985年（昭和60）
○福島県裏磐梯のトンボ類　1987年（昭和62）
○ふるさとの自然を考える　1988年（昭和63）
○阿武隈川は福島県の文明を映す鏡　1989年（平成元）
○尾瀬のトンボ類について　1990年（平成2）
○尾瀬の自然観察と保護　1991年（平成3）
○裏磐梯の自然観察　1993年（平成5）

　長年月の間、学会選出の東北理事を務め、1994年（平成6）3月福島県立高校生物教師を辞した。

思想の科学研究会

　1946年（昭21）に設立され雑誌「思想の科学」を発行し続ける思想の科学研究会に入会した。多元主義の哲学、市民主義、生活の中の思想、地方のもつ可能性など、大変魅力ある内容であった。有限会社思想の科学社ということで1部出資もした。雑誌「思想の科学」の読者グループを「会津グループ」と称し、一方では全く抽象的な研究をするとともに、他方では全く具体的・実践的な研究をし、2つの方向の努力を結合して、新しいレベルの思想の科学をつくるという会の方向をたどりながら、福島県会津地方での最重要課題「自然保護」について考えることになり、会津自然保護協会を設立した。これが福島県内自然保護NGO第1号であった。現在、全県的に拡大した福島県自然保護協会として、継続的な活動を展開している。

　思想の科学研究会会報に投稿し、活動の方向性を確認することもできた。次に会報に報告された私の文章の代表的な2編を列記する。

［東北小地域の近況から］会報49号　1966年2月発行

　福島県会津地方に就職して4年目、地方に定着するとは、どうゆうことを意味するか。ふるさとに帰るとは、どうゆうことを意味するのか。サークル活動こそが高く評価されなければならないことが結論として考え出された。地方の諸問題を地方人によって発見して提起し、ときには解放への努力をしてみたい。ふるさとに帰ることは、地域社会の改造を意味するのではなかろうか。

　まず会津地方のビジョンを考えなければならない。東の郡山市と西

の新潟市は、新産業都市の指定で大さわぎをしたが、日本の小都市がすべて工業化されたらどうなるであろうか。個性のない、地域の特色を生かすことのできない平板的な小都市が数多く出現することになるだろう。心のふるさとに帰ることのできるような、全体が緑地公園のような、そんな小都市があってもよい。精神が安定し、感動し得る何物かを求めて、明日の活動をプランすることのできるような、そんな場所が必要だ。

会津地方は、四季の変化が著しく、自然環境に恵まれた場所であり、肥沃地の野菜と共に、日本における暖地果実と寒地果実の経済的栽培可能な接触点でもあり、多くの種類の果樹栽培に適している。更に日本海側と太平洋側の境界にもなっており、各種草花の球根栽培にも適している。恵まれた自然環境を利用して、園芸と観光を結びつけ、四季を通じての一大保養地、学園都市を目指すべきであろう。

しかし、城下町からくる問題なども多い。会津藩校日新館は、建物の上からも、組織内容の上からも最も整備された藩校とされ、地方文化の開拓に貢献した教育・文化史的意義の甚大であることを見逃してはならないであろう。ほかの多くの藩校の伝統は、旧制高校、専門学校、大学などに受け継がれ、伝統が再検討されたと考えられるが、会津にはそれらの学校が設立されなかった。戊辰戦争（会津戦争）の影響によるとされる。会津地方に一大総合大学の設置が望まれる。

現場の底辺を分析し、実際的な行動を開始する必要がある。職業関係（高校教師として生物学担当）から考えてみる。高校生1人1人にいかにして生物学を1つの思想として持たせるか、創意工夫が望まれる。生物学のカリキュラムに地域差を持たせ、更にそれが地域の生物

学上の技術、具体的に農業と医学の分野と結びつくことができるようにしたい。全体的には、地域性から生態中心になるが、自然の平衡、調和、保護など、全体的にはNature Conservationの考えを普及させることが中心となる。

　従来から日本の生物学の教育は、非常に微弱な実践力しかもたなかったので生物部活動（サークル活動）によって実践力を養うようにする。基礎研究と技術との関係を密接にし、開発的に新しい自然科学と技術の領域を開拓しようとする気風を養ってゆかなければならない。

　最後に地域サークルの活動事例として、会津農村問題研究会の報告をする。会津地方では農村問題が1番重要視されているが、民間のグループによる研究会が設立され、各分野にわたって活発に活動している。底辺からのもりあがりとして注目したい。過日、論文を募集し、入賞者による福島県知事との懇談会が開催されたが、会津地方はそのビジョンとして、園芸などを中心とした農業を考えるべきであり、そのために内容の充実した園芸試験場と農業高校が特に要望された。私も出席したが、これは1つの政治的な動きとして注目される。

[尾瀬の自然保護] 会報140号　1996年4月発行

　会報131号によって、研究会に入会し自然保護運動を展開してきたことが紹介されたが、1995年8月福島、群馬、新潟の3県による尾瀬保護財団が設立された。日本初の広域的な保護財団設立によって保護体制が整ったことになる。ここに1993年出版の福島県自然保護協会編「尾瀬」（東京新聞出版局）を中心に尾瀬の自然保護について報告する。

尾瀬湿原を電源開発による自然破壊から守るために結成されたのが「尾瀬保存期成同盟」(1949年)であり、今日の日本自然保護協会の前身である。1970年代観光道路問題が発生し、それに反対する私達の運動が1つの起爆剤となり、全国各地で活発な自然保護運動が展開されることになった。このような事実から、尾瀬は日本における自然保護運動の原点と考えられるようになった。

　尾瀬の入山者は、現在50万人以上とされているが、しだいに多くなってきた時代、最初の問題になったのが、踏圧に弱い湿原植物の裸地化であった。微気候の変化から乾燥し、1年にわずか1ミリ程度しか厚くならない泥炭が簡単に消失される結果となった。そして現在は、入山者のし尿や生活雑排水による湿原と沼の生態系に異変が起こりつつあり、大きな問題となっている。

　現在、世界各地で自然の復元作業がなされており、自然の復元は世界的な流れとなっている。私は最初に福島県尾瀬保護指導員として、現地の生物環境調査に参加し、具体的に裏燧の横田代・傾斜地の緑の復元作業を開始した。次に尾瀬を守る懇話会の会員として環境調査を実施し、尾瀬を守る提言をした。この提言によって具体的に至仏山の登山道が、一時的に閉鎖され、高山植物の復元が開始された。そして保護財団も設立された。最近では日本自然保護協会の尾瀬問題小委員会委員として、尾瀬の水問題を中心に調査を実施し、日本の国立公園における望ましい保護と利用のあり方について、提言書を各省庁に提出した。

　1996年3月尾瀬が原の水利権が失効し、尾瀬の分水問題は74年ぶりの幕引きとなった。その背景には、自然保護運動の高まりが考えら

れる。しかし、尾瀬沼の水利権は、10年間有効更新となっている。現在、尾瀬沼の水は、本来は日本海に流れるはずなのに、トンネルによって利根川水系から太平洋に流されている。小さな発電所のため今次大戦中に朝鮮人の強制労働によって実現したのである。このため幾多の自然破壊が現出している。自然の復元は世界的な流れなのに、どうして復元できないのだろうか。福島県自然保護協会では、1990年（平成2）協会会報でクローズアップさせ関係各方面に要望し続けている。何よりも東北を犠牲にして関東地方の発展を考えることは、明治以来の日本の中央集権的な発想である。東北を軽視し続けてきた日本政府の発想の延長上にある考え方である。地方都市を発展させる地方分権的な考え方、日本全体のバランスある発展こそ望まれる。

　入会以来、研究会を自然保護運動のための理論武装の場と考え続けてきたのであったが『自然保護運動の原点・尾瀬』の書評が大学の先輩によって同窓会誌に紹介された。

　「会津出身の著者は教大卒業以来、福島県にしっかり根を張った樹木のように生活している。日本の自然保護運動の尾瀬が縁となり、教職のかたわら自然保護と環境教育に専念。著書はほかに『自然保護・会津、裏磐梯の自然観察』などがある。著者のモットーは、"自然保護は教育から"で日本環境教育学会の設立者のひとりでもある」

　雑誌「思想の科学」に発表された主な論文は次の通りである。
○建設者の思想—会津若松—1966年（昭和41）
福島県の養護施設大笹生学園（福島市）、東洋学園（富岡町）などの設立に関係した人物の思想を掘り起こした。創造性の心理学（朝倉書店1971年）に一部紹介された。

○教師3代Ⅰ、Ⅱ　1971年（昭和46）、1972年（昭和47）
伝記の試み、教育の解放として紹介。福島県南会津町星家の1代および2代目記）。
○自然保護運動の組織論　1974年（昭和49）
徳川藩制時代、福島県自然保護協会、日本自然保護協会、全国自然保護連合
行政指導のペースから地域主導型、住民参加型への方向転換。「組織論の思想史」として哲学・思想雑誌文献目録（日外アソシエーツ編集・出版1977年）に記載された。

自然保護協会

　福島県会津地方において、グループ活動が活発となり、開発中心の傾向が強かったので、課題として「自然保護」がクローズアップされるに至った。特に地域ローカル新聞が意見交換の場を提供した。「日本のローカル新聞」（田村紀雄　現代ジャーナリズム出版会　1970年）が思想の科学会報（68.5）からとして、次のように記述している。「星一彰は会津毎夕新聞に、専門の園芸らんを40回以上にわたって発表し、会津地方は広大な山間辺地が多く、小新聞でなければ追求できない素材が多いので、その発展を見守りたい。地域のインテリゲンチャとの結びつきが深い」。多くの方々にささえられてグループが発展した。

　1968年（昭和43）10月会津自然保護協会が設立された。福島県内自然保護NGO第1号である。さっそく会報「会津の自然」を発行し、活動をPRした。豊かで美しい会津の自然—会津地方は自然環境に恵まれたところといわれる。しかし、宅地の造成、道路の建設、観光施設の建設、農薬、工場廃液、排気ガス、ごみ、乱獲乱伐など近代産業化が必然的にもたらす被害によって、しだいにその豊かな自然が破壊されつつある。開発と保護という矛盾をどうにかして解決しなければならない必要に迫られている。

　そもそも地域開発は、地域の経済力を強め、かつソーシャル・サービスを含めて住民の生活水準を恒常的に高めていくことに目標があるので、地域開発のパターンは、第1次産業すなわち農業の近代化が直

接その役割を担え得るケースもあるわけだ。会津地方は真にこのような地域と考えられる。

　新しい地域をつくりだしてゆこうというときは、必ずその地域の自然の美しさを守るという基本的視点がそこにひとすじつらぬかれなければならない。どこかに美しい森や川のあることが、生命の復活になる。美そのものも自然の大きな力が生み出すのであって、自然とのかかわりを失った機械文明のもとでは、美は滅亡するほかないだろう。

　開発という美名のもとに、自然のバランスを破壊することは、2次的におそるべき結果を招くことを、真剣に考えなければならない。人間だけは大丈夫という例外は、生物学的にはあり得ない。いまこそわれわれは、会津全体を1つの大きな生態系とみなし、それを保護してゆくため、あらゆる努力を継続させなければならない。ここに会津自然保護協会を設立し、会津の自然保護運動を展開したい。関係各位の助言を期待する。

　奥桧枝岐の植生調査（文化庁植生図）、駒止湿原植物群落（植物と自然　ニューサイエンス社）、コウモリで害虫駆除（雑誌農業および園芸）、都市美化推進運動（会津若松市）、猪苗代湖の学術的研究を（長瀬川水系の調査）、スキー場開発と自然保護、東北地方の開発、自然保護行政の確立を、尾瀬観光道路建設反対署名運動。

　1971年（昭和46）10月福島県自然保護協会が設立された。会津自然保護協会を発展させ、全県的な自然保護運動を展開することになった。会報も「福島県の自然」と名称を変更し発行を継続した。そして最初に問題になったのがブナ原生林の保護問題であった。

　岩瀬郡天栄村の二岐山は、アスナロが混在する貴重なブナ林だった。

表土の浅い場所にアスナロ、厚い場所にブナが分布、日本全体的見地からも貴重なブナ林であったが、当時の林野庁の独立採算制から皆伐が進められていた。下流に二岐温泉があり、ブナの保水力によってささえられていた。長期的な反対運動により皆伐は途中で中止された。しかし、その後、同じ伐採業者は奥会津の駒止湿原付近のブナ林を皆伐し続けた（バリカン刈として会報に写真とともに報告）。まるでもぐらたたきのようだ。林野行政の方向転換までは、かなりの長期間が必要だった。

　生態系という言葉が使用されるようになったのは 1900 年代になってからである。森林生態系保護地域の追加指定によって吾妻山周辺がクローズアップされた。福島県内ではすでに利根川源流部・燧が岳周辺と飯豊山周辺が森林生態系保護地域として指定されていたが、福島県内には自然保護 NGO が存在しないとされ、福島県自然保護協会は無視され、県内面積は極めて狭少となっていた。1994 年（平成 6）吾妻山周辺森林生態系保護地域設定委員会が開催され、設定委員としてはじめて参加することができた。亜高山帯の針葉樹林帯のみを指定し、広大なブナ原生林は地域指定しないという林野庁の案に対し、民間グループの設定協議会を設立し、私が会長となり山岳会など多くの県民による現地調査（冬期も含め）から広大な面積の保存地区、保全利用地区を示した。設定委員会が 4 回開催され、広大な面積が指定されることになった。その後、生態系を保護するという立場から奥会津森林生態系保護地域が新設され、飯豊山周辺や吾妻山周辺も、面積が拡大された。新設された奥会津の保護地域は、約 8 万 4 千ヘクタールで日本一の広さとなっている。

1996年（平成8）から、森林生物遺伝資源保存林が指定された。具体的に越後山脈と阿武隈高地の2か所であり、森林生物遺伝資源保存林越後山脈は、金山町と新潟県の阿賀町にわたる地域で天然スギの分布などがクローズアップされている。阿武隈高地は、浜通りで人為的影響のない貴重な森林植生となっている。

　2000年（平成12）代になると、動物の群れの移動や交流の場を保つため緑の回廊設定委員会が開催され最終的に福島県の会津および中通りの連続していない国有林すべてが緑の回廊に指定された。そして民有林にも協力してもらうことになった。緑の回廊としては日本一の広大な面積である。さらに東北緑の回廊設定委員会が山形県（山形市、新庄市）で3回開催され、最上川の現地調査を含め、東北6県の国有林を結びつける回廊が実現した。

　ブナを中心とした国有林の皆伐時代から自然保護へと一大転換した事実を高く評価したい。さらに多くの検討会などに参加し、自然保護に努めた。

○吾妻山系馬場谷地植生回復等調査検討委員会（福島県、山形県）
○西吾妻─切経縦走線歩道の自然環境の修復に関する検討会（福島県、山形県）
○レクリエーションの森に関する検討委員会（群馬県草津温泉）
○西根川上流地区治山事業全体計画調査検討会（福島県南会津町）
○森林・林業体験交流促進対策検討会（福島県土湯温泉）
○関東森林管理局国有林計画等検討会（関東各県）──現在までに22回開催
○関東森林管理局国有林野管理審議会（群馬県前橋）

年1回発行の「福島県の自然」は第47号まで発行された。ミニコミ総目録（住民図書館編集平凡社1992年）に紹介された。「福島県内の自然保護に関するあらゆる情報が提供されている。現在最も心配されているのが尾瀬と裏磐梯である。その望ましい姿を追求しつつある。特に自然保護運動を力強く展開し自然保護のための自然観察会（雪上も含めて）を数多く開催し、報告してある」。

　「福島県の自然」後半部に登場した「論説」の主なタイトルを次に列記する。後世に禍根を残す尾瀬沼パイプライン計画。検討委員会に期待する。絶滅危惧種『高校生物部』。自然保護講座開講。21世紀は自然修復、復元の時代。美しい福島を夢見て。昔の尾瀬。自然観察会運動。生態系サービス。猪苗代湖の水質。県立大学の時代がやってきた。地域学を考える。尾瀬沼の水利権。生物多様性地域戦略。農学部皆無の福島県。生物学的水質調査。環境緑化運動を。

自然観察会

　福島県磐梯山周辺での野外実習がクローズアップされ、日本自然保護協会の自然観察指導員養成講座へと発展、多くの指導員が全国に誕生した。福島県内でも多くの自然観察指導員が、県内各地で観察会を開催し、特に森林の階層構造など中心に自然の理解を深め、各学校や学習センター公民館など生涯学習方面にも活動が広がった。

［福島県教育委員会］

　教職員を対象に尾瀬観察会が実施された。2泊3日間で福島県側の尾瀬全域を観察するプランで、沼山峠から尾瀬沼、そして尾瀬が原から裏燧林道を通過して御池まで、尾瀬の自然環境を理解するのに適したコースであった。1975年（昭和50）から1989年（平成元）まで15回開催された。1回の平均参加人数は約40名、15年間で約300名継続して講師（ガイド）を務めた。教職員のための観察会のため、参加した人達が小・中・高の生徒達をガイドするという効果も期待された。残念ながら尾瀬のオーバーユース問題がクローズアップされ中止となった。

［中学生講座］

　福島県須賀川市教委による講座が、ジュニア・リーダー研修会として、1986年（昭和61）から2003年（平成15）まで18年間継続的に開催された。裏磐梯での講義と自然観察会を担当した。行政担当も社会教育課が途中から生涯学習課と名称変更になる時代で、学校教育の中に導入された総合学習を先取りする活動であった。裏磐梯の自然観

察路などフルに活用し、環境問題にアプローチを試みた。「ふるさとの自然を考える」と題した福島県内各地の調査研究データーを利用、生態系の構造と機能を中心に自然保護について考えた。1回平均約40名の参加で、実に720名の中学生に関係したことになる。

[高等学校研修会]

福島県高体連主催で尾瀬の観察会が実施された。多くの高校生が参加し、福島県の尾瀬の貴重性が理解された。

最近では、文科省のスーパーサイエンスハイスクールに指定された県立安積高校生約80名、わずか2年間だったが、特に尾瀬沼の水環境問題について、現地でくわしく説明することができた。

[雪上自然観察会]

福島県は会津地方に雪が多く「会津は雪国」というイメージが強い。子供達もスキーを楽しむ生活が続いており、スキーは雪国の文化のような感じになっている。スキーと雪上自然観察を結びつけたクロスカントリースキーによる雪上自然観察会が、福島県の裏磐梯で試みられた。現在、裏磐梯は日本におけるクロスカントリースキーによる雪上自然観察会発祥地となっている。経過報告をしたい。

ウサギ追いしかの山、小ブナつりしかの川……と日本人の多くの心に残っているふるさとの原風景である。奥会津では、ノウサギを追いかけまわすことは多かったが、清冽な川の水のため、フナは殆んど見られず、ウグイ、アブラハヤ、アカザなどがつりの対象であった。昔は雪が多く、半年間も雪の中という場所も多かった。子供達の楽しみはスキーで、長靴に現在のクロスカントリースキーのような木製スキーを使用していた。そのスキーも村の大工さんが村内産の木材を

使って製作し、販売していた。

　私はクロスカントリースキーの競技に一時的にのめり込み、全日本学生スキー、県体スキー国体スキーと競技スキーを楽しんできた。15kmのほかに30km（耐久競技と呼称）という長い距離のレースにも参加してきた。このクロスカントリースキーと自然観察会を組み合せ、1982年（昭和57）3月クロスカントリースキーによる雪上自然観察会が開催された。日本自然保護協会との共催で、全国（青森から熊本まで）から53名参加、アニマルトラッキング、冬芽など雪上でなければ観察できない事項を楽しんだ。大変な好評で33年間継続して開催したが、日本全体に普及したと考え裏磐梯での開催を中止した。非常に残念なことは原発事故後参加者が急減してしまった。今後は、雪国の文化活動として、個人的に実施されるよう希望したい。

[国立施設]

　福島県内には、那須甲子少年自然の家と磐梯青年の家（現在はともに青少年交流の家と名称変更）の国立の施設が2箇所にある。どちらも自然豊かな場所に立地しているので、自然観察会の拠点として利用してきた。

　那須甲子では、自然塾などを開講し、室内講義と野外活動を結びつける事業を展開し、「那須甲子の教育」など印刷物も数多くつくられた。1990年代になり、文部省（現文科省）が環境教育の導入を計画、その現地研修の場として利用された。1994年（平成6）には東日本北海道から愛知まで、各都道県小、中、高3名の参加。1995年（平成7）からは3年間継続して全国小学校教員、各都道府県から2名合計約90名による現地研修会が開催された。1997年（平成9）以後は、

全国の高校や小中学校の中堅教員の中央研修会の場としても利用された。環境教育重視の立場から中央研修会の最後に1泊2日の現地研修会が導入されたのである。私はすべての研修会に講師として出席し、「水と環境教育」のテーマで現地阿武隈川の源流部で生物学的水質調査を実施することができた。

　福島県教育委員会でも1993年には、県教育センターで環境教育講座が開講し、県内小、中、高、から33名参加、環境教育の基礎的な講義を実施した。具体的事例として尾瀬の環境異変、阿武隈川の水質汚濁などNHKのビデオ（私が解説）を利用、コカナダモやアミメカゲロウについて認識を深めた。

　磐梯では、特に冬期間の利用について助言し、スキーを使用しての自然観察会が、盛んに実施されるようになった。そして「総合的な学習の時間に活用できる環境学習プログラム in 磐梯高原」「自然と遊ぼう環境学習プログラム in 磐梯」の小冊子（各約65ページ）が、私も参加したプログラム開発委員会によって発刊された。これら具体的活動展開事例を参考に、福島県内の多くの小、中学校の環境教育の教材として利用されてきた。

　美しい自然景観（磐梯山、裏磐梯湖沼群、猪苗代湖など）のため、特に関東方面の小、中、高校に人気があり、地元の自然観察指導員が講師として活躍、特に猪苗代湖に注ぐ最大の河川・長瀬川は、途中から強酸性の酸川が流入する特異な河川として多く利用された。清い感じの川に魚がすめない現実は、酸性雨や酸性雪の現実を理解する好教材である。

河川水辺道路環境

　1997年（平成9）に河川法が改正され、治山、治水の2本柱から環境が加わって3本柱の展開となった。特に水辺の環境が重要視されるようになってきた。福島県教育委員会でも環境教育が重要視されるようになり、水辺の環境調査などを重視するイベントが増加してきた。旧建設省時代の悪名高い3面工法（川の底までコンクリート）などの反省から、水辺アドバイザーとして環境について考えてきた。

[国交省、福島県]

　1991年（平成3）から水辺アドバイザーとして、河川水辺の環境問題に取り組んだ。阿武隈川水系を中心に上流（福島市）と下流（仙台市）交互に「河川水辺の国勢調査アドバイザーグループ連絡会議」を開催し、2010年（平成22）まで、20年間継続活動した。その間3年間（1994年〜1996年）福島市流域に大量発生し続けているアミメカゲロウの生態調査を実施、その現状と対策について、グループ会議で公表発表した。

〇阿武隈川水系砂防流域自然環境調査（荒川、松川、天戸川流域）。砂防のための環境調査で、特に動植物重視の工法を提言した。　1992年〜1995年

〇渡利水辺の楽校。1995年から阿武隈川渡利地区周辺の河川事業に関する打合せ会、環境整備検討会、「渡利水辺の楽校サンクチュアリ」リフレッシュ工事現地検討会など次々と会合が継続され、楽校がオープンした。現地開校式の渡利小学校3年生と渡利幼稚園児に「川につ

いて」の基調講話を実施した。子供時代奥会津の清冽な川をイメージし、蛇行の説明などに苦労した。出席した当時の福島市長には大変好評だった。この楽校を皮切りに国土交通省は、阿武隈川流域に水辺の小楽校を次々と造成し、子供達を水辺に誘う方法を模索した。そして私は、地元水辺の会わたりから「渡利水辺の楽校川の達人」に委嘱された。
○美しい国土づくりアドバイザー（国、県）1996 年～ 1999 年　国関係では特に摺上川ダムの景観づくりに関係し、トンネル出入口の植物保存や法面に郷土種を利用するなどアドバイスした。県関係では河川の総合的環境指標に動植物を考えるなど提案した。
○福島市荒川整備計画検討委員会、多然型川づくり追跡調査（主として底生動物）　1996 年～ 1997 年　ふるさとの川として認定された。
○須賀川市釈迦堂川水辺の楽校整備検討委員会　1998 年
○阿武隈川改修事業推進検討会　1998 年～ 1999 年
○阿武隈川渓流（天戸川、須川、松川）整備計画検討委員会　1998 年～ 2001 年
○福島市荒川・須川水環境検討委員会　1997 年～ 1999 年
○阿武隈川上流河川整備意見交換会　2002 年
○須賀川市浜尾遊水地ワークショップ　2002 年～ 2003 年
○摺上川モニタリング委員会　2003 年～ 2009 年 7 回開催　モニワザクラ（ソメイヨシノ×オクチョウジザクラ）、タキノザクラ（ソメイヨシノ×カスミザクラ）話題提供。
○阿賀川（国交省北陸河川事務所阿賀川工事事務所）環境調査　2003 年～ 2005 年　多自然型川づくりシンポ報告（所長）。

○福島西道路（プロジェクト懇談会、検討委員会、南伸環境影響評価技術検討委員会、環境調査専門家ヒアリング）　2003 年〜 2015 年
○相馬市かんがい排水事業に伴う自然対策保全対策検討会　2004 年〜 2005 年
○三春ダムモニタリング委員会（6 回開催）　1996 年〜 2001 年　底生動物調査 2004 年〜 2005 年　このダムは里ダムといわれ、上流から汚濁物質が流入するため前ダムをつくったりして、水質浄化に努めてきたが、特にアオコの発生など継続し問題となった。最近発行（2016 年 1 月）のさくら湖だより（No.181）にも総窒素と総リンの量が富栄養化傾向となっている。
○須賀川森宿地区河道掘削検討会　2004 年〜 2008 年
○阿武隈川河川整備委員会　2006 年〜 2007 年
○阿武隈川上流樹木管理検討会（5 回開催）　2006 年〜 2010 年
○福島市都市計画審議会環境影響評価専門小委員会　2008年〜2010年
○常磐自動車道相双地区自然環境保全対策検討委員会　1998 年〜 2015 年　17 年間 31 回開催
○東北自動車道（福島〜米沢）自然環境保全対策検討会　2001 年〜 2005 年
○ JR 常磐線特定環境検討委員会　2012 年〜 2014 年
○相馬福島道路（福島県→国土交通省）国道 115 号のこの道路は、蛇行し冬期間スリップ事故も多発していた。最初、福島県で環境調査、検討委員会を実施。特に霊前の岩壁にハヤブサが営巣している事実から南会津のハヤブサの事例など紹介し、騒音をさけて外側ルートが決定した。しかし、トンネル部分が長く、主として経費の面から工事が

遅延していた。原発事故が発生し国土交通省が担当することになって、産業復興道となり急ピッチで工事が進行中である。伊達市内の放射線の比較的強いルートに、貴重種クマガイソウが分布し、その移植に苦労するなど新しい問題も発生した。
○福島空港・あぶくま南道路環境影響評価検討会　2001年〜2002年
○そのほか　あぶくま高原道、会津縦貫北道路など環境対策検討会

[福島県教育委員会]

　環境教育重視の傾向から環境教育コーディネーター派遣事業が実施され、主として小学校で河川水辺の環境を調査（主として生物学的水質調査）することができた。

2002年度　川俣町立川俣南小学校、三春町立中郷小学校
2003年度　西郷村立小田倉小学校、梁川町立梁川小学校
2004年度　飯野町立青木小学校、二本松市立安達太良小学校
2005年度　いわき市立差塩(さいそ)小学校、下郷町立楢(なら)原小学校、新地町立駒ヶ嶺小学校
2006年度　新地町駒ヶ嶺小学校、福島市立月輪小学校

　それぞれの小学校で、地域性を加味した話しを実施し、フィールド学習を試みた。特に差塩小学校の場合、全校生7名で1年から6年まで全体的な話しは困難を極めた。父と弟が小学校長を務めたが全体的な話しでは苦労が多かったのでは思ったことである。また楢原小学校では、ふるさと南会津の清冽な水を再確認した。義妹が1年生担任で、元気な姿を見ることもできた。

　本事業は、森林環境税が導入され、その費用によって森林環境学習がスタートし、残念ながら中止となってしまった。

調査研究・学会

　自然保護を考えるのには、環境の調査研究をすることが基本になる。現状を知って対策を考えることが大切である。水問題が最重要問題としてクローズアップされるようになってきた。調査研究そして学会への発表などを記述する。

[生物学的水質調査]

　生物によって環境を評価する手法は多方面で事例が報告がされてきた。1960年代県立会津高校で生物を担当していたころ、会津若松市を流れる湯川の調査を開始した。湯川は中学、高校時代に盛んに遊んだ場所で、東山温泉上の雨降滝などでの楽しい水泳などが心に残っている。水質調査により、源流部はトワダカワゲラなどの多くのカワゲラ類が生息する清冽な川であることが判明した。ところが東山温泉下流では、急に汚濁が進み、旧市内ではまるでどぶ川のような状態で、ユレモやイトミミズが多く見られる状況が明らかになった。観光都市としてPRしている現状から、実に残念な現実だった。当時はまだ"水に流す"という言葉が生きており、会津若松市民が川に直接ごみを流す事実も数多く確認した。生物を使用しての水質調査の重要性をPRし、くりかえし実施してきた。会津地方長瀬川水系は、ほぼ10年ごとに調査をくりかえし、合計5回調査しその変化を明らかにしてきた。

　1983年10月、田島町（現南会津町）教育委員会による成人大学講座「自然保護と田島町の自然」の担当講師を務めた。中央公民館で話をしているとき、左側の最前列で熱心にメモをとる1人のお年寄り

が目に入った。どこかで見たことのある顔だと思い、よく考えてみると、43年前の小学校1年時の恩師だった。午後の野外研修では、荒海川と桧沢川に移動して自然観察をし、底生動物による水質調査を試みた。桧沢小学校前の桧沢川は、体育の時間に水泳をした場所である。当時、引率していただいた恩師と同じ場所での自然観察は、心の原点にかえったような気分だった。ヒゲナガカワトビケラなど、小学生のときと同じ底生動物が多く、水の清らかさにほっとするとともに、高齢ながら探究心の旺盛な恩師に頭が下がる思いだった。

　その頃、水資源問題が全世界的に注目されるようになり、水の量と質が具体的に考えられた。環境庁（現環境省）も水中生物による水質調査をPRするようになった。行政上の問題として水質調査が始まり、福島県でも調査を開始することになった。私は県衛生公害研究所長の突然の訪問を受け、長い年月をかけて実践してきた手法を公開することになった。

　1984年（昭和59）2月、福島市の杉妻会館で県主催の「水質汚濁と生物指標に関する研修会」が開かれた。講師を依頼された私は、保健所職員など関係者の前で生物学的水質調査法を解説し、尾瀬や裏磐梯の調査の一部を紹介した。さらに実地研修の求めに応じ、その年の5月、阿武隈川の支流摺上川の名号で開かれた県主催の「水生生物調査の実地研修」に参加、その清冽な水を明らかにした。中でも県衛生公害研究所の所員は県内各地の水質調査を計画し、熱心に手法を習得した。

　その後も福島県保健所主催の講演会などに出席し、水質改善策を模索してきたが、生物学的水質調査を学校教育における環境教育の事例

として継続してきた。

　東北で2番目の大河阿武隈川には、源流、上流、中流、下流と、調査のため32ステーションを設け、1984年から4年がかりで調査した。その結果、上流部でもすでに汚濁が進んでいることが明らかになった。その後ほぼ10年ごとに3回調査をくりかえし、水質改善の事実を明らかにしてきた。この調査にも参加した県立福島東高校生物部は、日本学生科学県審査で連続11回入賞、全国審査でも3回入選した。第33回全国学芸科学コンクール自然科学研究部門でも入選した。当時の部長の1人は、現在、信州大学の生物学教官を務めている。県北地方を流れる広瀬川の調査を実施した県立保原高校生物部は第1回野口英世賞で優秀賞を獲得している。生物学的水質調査は、多くの県民に水の貴重さを知ってもらう望ましい活動であった。

　原発事故による底生動物への影響はどうか。2014年（平成26）8月福島市荒川の底生動物（コオニヤンマ、ヘビトンボ、トビケラ、カゲロウの幼虫）を採取し、長崎大学環境科学部に依頼、放射性セシウムの濃度を測定してもらったところ、いずれの幼虫も基準値（100Bg／kg）以下であった。しかし生物指数と多様性指数の増減は、原発事故前は県内至るところほぼ一致していたのに、全く一致しなかった。生態系の異変が考えられ、今後の調査研究が期待される。

[尾瀬自然保護指導委員会]

　現在、尾瀬保護財団の評議員を務めているが、1972年（昭和47）から12年間、尾瀬保護のための環境調査に協力することができた。福島県が発行している「尾瀬の保護と復元」に記述された私の調査結果を次に列記する。

尾瀬の動物（トンボ類）、尾瀬水系の底生動物相、尾瀬沼の水生植物、尾瀬沼周辺の植物荒廃、トンボ類を中心とした食物連鎖（ハッチョウトンボ、カラカネイトトンボ、ルリイトトンボ、オゼイトトンボ、エゾイトトンボ、アオイトトンボ、カオジロトンボ、アキアカネの行動を中心として）。

　尾瀬が原の食物連鎖の全貌を明らかにしようと長期計画をプランしたが実現しなかった。しかし、ハッチョウトンボなどのテリトリーを明らかにし、イワツバメが天敵だとする風評を拒否することなど調査研究の効果があった。日本一美しいミヤマアカネの行動など調査したいものだ。

[水草研究会]

　水辺の環境指標としての水生植物がクローズアップされるようになり水草研究会が発足した。調査研究の成果を研究会誌に発表し、全国規模の環境問題を考えるデーターとした。福島県裏磐梯で全国大会を開催し、研究会幹事を務めることもできた。次に会誌発表のタイトルを記述する（会誌発行年）。

　尾瀬沼にコカナダモ侵入（1982年）、尾瀬沼のコカナダモ分布拡大（1983年）、尾瀬沼のコカナダモ沼全面に分布拡大（1984年）、尾瀬沼のコカナダモについて（1986年）、福島県裏磐梯のコカナダモ分布拡大（1989年）、福島県裏磐梯のコカナダモについて（1991年）、尾瀬のスギナモ（1991年）、福島県猪苗代湖のヨシ群落（1991年）、福島県裏磐梯のコカナダモ、オオカナダモ（1992年）、福島県岳温泉大和溜池のウカミカマゴケについて（1994年）、福島県猪苗代湖のミズスギゴケ群落（1996年）、福島県裏磐梯のミクリについて（2000年）、

全国集会の記録第8回1986.9.2～3 福島県裏磐梯（2002年）、福島県猪苗代湖比岸のアサザ群落（2003年）。

[日本造園学会]

　1972年（昭和47）5月20日、千葉大学園芸学部（千葉県松戸市）で、日本造園学会全国大会が開かれた。私は「今後の造園学会は環境問題に対してどうあるべきか」と題したパネルディスカッションにパネリストとして参加し、「自然保護と造園学会」について話し合った。その中で、環境問題に積極的に取り組むためにも、造園学、生態学、園芸学の中間領域の開拓が必要だと提言した。

　日本の造園学は伝統的に都市公園が中心で、多発する環境問題に対応することが少なかった。潜在自然植生種（郷土種）による環境緑化など、土地固有の環境保全林などが求められている。

　例えば、尾瀬の環境問題は多岐にわたり、複雑であるが、最初に入山者の踏圧による湿原の裸地化が大きな問題となった。その緑の復元策が模索され、造園学の知識を導入することが計画された。

　現在、桧枝岐村で県の環境教育の拠点として計画している裏燧一帯は、ブナの原生林、オオシラビソ、コメツガ、トウヒなどの亜高山帯針葉樹林の中に、多くの湿原が点在する。一例として横田代（湿原）は、高層湿原の中に池である地塘（ちとう）があり、景観が優れ、国立公園特別保護地区にも指定されている。しかし、木道からの踏み込みにより、地塘付近が裸地化する現象が現れ、1年に約1ミリ厚くなる泥炭層が大量に乾燥流失し、湿原の破壊が進んだ。湿原が傾斜しているため、より自然破壊が深刻だった。そこで、造園学などの理論を応用し、ブロッ

ク移植を試みた。

　1979年（昭和54）8月15日、傾斜地湿原に長方形のブロックを使用、千鳥足状に移植を始めた。ブロックは、湿原からアトランダムに選択し、裸地の泥炭と交換移植し、初期の緑の復元に威力を発揮するミタケスゲを条播（じょうは）（筋状に種まき）した。

　7年間継続実施し、35個のブロックを移植。移植に成功した植物は、ヌマガヤ、イワショウブ、チングルマ、ヒメシャクナゲ、キンコウカ、イワカガミ、マルバノモウセンゴケなどだ。微気候の変化から、しだいに植物の分布が拡大し、現在は普通の湿原の外観となった。しかし、ミズゴケ類はまだ十分とは言えず、分布拡大が待たれる。破壊された緑の復元には、気の遠くなるような長い年月が必要だ。

　一方、多くの人間が生活する都市の生態系では、現在、ヒートアイランド現象などが目立ってきた。これらを防止するのは環境緑化だ。特に注目されているのが、美しい都市景観を現出する街路樹（並木）や垣根だ。最近では庭路樹という言葉も使用され、庭木が街路樹の役目を果たすことが期待されている。基本的には潜在自然植生種を使用することが望まれる。

　照葉樹林帯の浜通りや福島市などでは、スダジイ、アカガシ、アラカシ、シラカシ、タブノキなどが適している。潜在自然植生種による庭園都市構想など早急なプランづくりが望まれる。現在、信夫山の南側にはシラカシ、アオキ、ヤブコウジュなどが多く、階層構造が観察できる。

　中通りや会津地方は落葉樹林帯で、トチノキ、ナナカマド、ヤマザクラ類などが望まれる。福島市内には、県木のケヤキの並木が多く、

エコツーリズムをめざす猪苗代町にはナナカマドの美しい並木がある。会津若松市のような歴史観光都市にはヤナギ類などが考えられ、お城を中心にシダレヤナギが美しい。
　日本の並木として最も愛されているのがイチョウだ。新緑、黄葉、裸木と一年中鑑賞価値が高い。雌雄異株で、雌株にはギンナンがなり、貴重な食料となる。悪臭のため、並木には雄株を使うことが多い。福島市の県立図書館・美術館前に旧福島経専（現福島大学）時代からの美しい並木がある。
　トチノキも喜ばれる。独特の風格があり、養蜂業の蜜源として高級品で、福島県庁前にには大木の並木がある。パリのマロニエ並木はセイヨウトチノキとも言われ、ピンクの花を咲かせる。
　造園学を応用して、美しい福島県を創造していきたいものだ。

[日本生態学会]
　自然保護や自然保護教育を考える最短距離は生態学と考え、1960年代に日本生態学会員となった。福島県立高校の生物の授業を充実させることも入会の重要な目的であった。生態的な調査研究を高校生物の生態教材として利用してきた。最終的には、生態学と社会科学とが交差するところに関心の焦点を結びつけることが必要であろう。
　次に日本生態学会東北地区会報に記述された研究題目などを列記する（発表年　発表場所）
○福島県会津地方のコウモリについて（1972年　秋田大学）
○福島県尾瀬地方におけるトンボ類の生態分布（1978年　弘前大学）
○福島県におけるハッチョウトンボの生態分布（1979年　福島大学）
○自然の復元―福島県尾瀬横田代を事例として―（1981年　岩手大

学）
○福島県尾瀬沼のコカナダモについて（1983年　福島大学）
○福島県裏磐梯のコカナダモについて（1989年　仙台市）
○福島県岳温泉大和溜池のウカミカマゴケについて（1997年　東北大学）
○福島県阿武隈川のアミメカゲロウについて（1998年　岩手大学）
○福島県裏磐梯五色沼周辺の自然復元について（1999年　弘前大学）
○東北生態談話会―尾瀬の自然保護―（2001年　福島大学）
○日本生態学会自由集会―日本人の心のふるさと尾瀬・保護戦略―（2002年　東北大学）
○日本生態学会東北地区委員（2004年）

　これらの調査研究成果は、福島県立高校の生物授業に具体的な生態教材として利用され、生徒の興味と関心を高めることができた。さらに原発事故以来、福島県内のフィールド学習が極めて少なくなってしまった現状にどう対応したらよいか、現状を打破するため、どのような実践活動を展開したらよいか。福島県自然保護協会会員（現在約150名）に参考事項としてPRした。

野外植物学講座

　植物を観察することによって自然保護を考える試みを計画していたころ、1997年（平成9）からNHK文化センター（郡山教室、福島教室）で植物観察ハイキングが計画され、講師として参加することができるようになった。「野外植物学」と呼称し、福島県内から近県、そして北海道やスイスアルプスまで植物観察が実現した。主な観察場所について記述し、自然保護のための教材にしたい。

[福島 Nature Center]
　通称「小鳥の森」は里山であり、一部水田や畑などと利用してきた場所で朋芽更新（薪炭としての利用のため樹林を切断した後の芽ばえ利用）の現実も観察できる。spring ephemeral（春の短い命のような—春植物）の代表として知られるカタクリの観察が中心になる。4月上旬雑木林内の開花が美しい。日本にこのような美しい野生植物が存在するのが不思議にさえ思われる。非常にデリケートな植物で、北国北海道札幌などでは南斜面、神奈川などの南の県は北斜面に咲く。福島県では東と西の斜面に咲く。放任状態だと遷移が進み消失してしまうので、手入れをしてササなどの侵入を防ぐ必要がある。周辺の多くの植物の展葉前に短期間光合成を行い、地下の球根に養分を蓄積する。周辺の植物が青葉になる頃は、地上部は枯死してしまう（春植物）。種子はアリによって運ばれ（種子にアリの好物が付着）分布を拡大する。種子が置かれた場所の条件が適している場合に発芽し展葉するが、最初葉が1枚で2枚になると開花する。開花まで8年かかる。長年月

観察することが望まれる。農業形態の変化により里山にあまり手を加えなくなり、しだいに分布が少なくなりつつある。

　前後してサクラ類が開花する。ソメイヨシノが周辺に植えられているが、野生のサクラであるカスミザクラ、ヤマザクラなどが見られる。カスミザクラが多く、開花が1番遅いサクラとなっている。福島市の山奥茂庭方面ではオオヤマザクラやオクチョウジザクラが美しく、更にモニワザクラ（オクチョウジザクラ×ソメイヨシノ）やタキノザクラ（カスミザクラ×ソメイヨシノ）など自然交雑種も見られる。サクラ属は交雑しやすい特徴を持っている。

[吾妻連峰浄土平鎌沼]

　標高1600メートル内外の吾妻連峰浄土平は、本来ならオオシラビソやコメツガなどの針葉樹林帯（亜高山帯）なのに、積雪量の多いこと、冬期の季節風が強いこと、火山などの影響で偽高山帯となっていて、高山植物が分布している。福島市中心部から自動車で行き、簡単に高山植物を楽しむことができる。ハクサンシャクナゲ、ミネザクラ、ミヤマリンドウなど美しい高山植物を楽しむことができる。

　ハクサンシャクナゲには八重のものが吾妻連峰で見られ、ヤエハクサンシャクナゲで、福島県花となっている。ミネザクラは、6月になってから開花し、残雪の多い年は6月下旬まで見られる。4月上旬にいわき市でソメイヨシノが開花、約3か月間、福島県内で観桜できる。浜通りを北上するサクラ前線（ソメイヨシノ）は相馬中村城跡まで行き、中通りの福島市へ、中通り信夫山から南下して白河に行き、最後に会津鶴が城を中心に同心円状に拡大し、尾瀬・桧枝岐に到着する。特異な福島県のサクラ前線について、環境省の生物多様性センターに

報告すると"感動しました"というたよりをいただいた。

　浄土平から西吾妻方面を展望することによって吾妻連峰の遷移の様子が理解される。足元にはコケ類が多く、特にウマスギゴケの群落が目立っている。近くは草本類となってメイゲツソウ、エゾリンドウ、ススキなどが多い。傾斜地になるとダケカンバ、ミヤマハンノキなどの低木林となり、ヒメコマツも見られる。標高が高くなると高木林となり、ダケカンバが優占種となっている。最上部は針葉樹林帯（亜高山帯）となり、オオシラビソが優占し、コメツガが混生している。主として火山活動の影響からこのような景観が観察できる。裸地の状態から極相林になる様子が、浄土平で定点観察できる興味深い場所となっている。

　針葉樹林内の鎌沼には、北西の季節風によって特に積雪が多く、6月のミネザクラの開花期など大量の積雪が美しい。県都福島市内なのに、北国カナダのバンフ国立公園にも匹敵する魅力的な自然景観となっている。

［裏磐梯］

　1888年（明治21）磐梯山の大爆発によって、多量の泥流が渓谷を埋め、裏磐梯の湖沼群が誕生した。また、流れ山といわれる土石がそのまま移動して小山状になった地形も多く見られ、大爆発のイメージが今日に伝えられている。ただ1回だけの水蒸気爆発で、磐梯式噴火と呼称され、世界的にもめずらしいとされる（東京教育大学一般教養地学講座）。

　山と湖と森がつくる雄大かつ変化に富んだ景観が、観光資源として人気がある。私が中心になって作成した自然観察ガイドブック『裏磐

梯の自然観察』(日本自然保護協会1993年)がコンパクトに紹介され、手頃な案内書となっている。

　最も人気があるコースは五色沼コース(毘沙門沼から柳沼まで)で、途中のるり沼の上流で酸性の水と中性の水がミックスされ、その化学変化によって特異な物質(ケイ酸アルミニウム)がコロイド状となり、その変化に豊んだ沼の色彩(五色沼)が喜ばれている。酸性に強いとされるウカミカマゴケが、沼の周辺や地底から繁殖を続け、しだいに湿原化する状況も理解される。このコケ類を中心とした湿原も日本で観察されている。さらに、水中葉と地上葉の形態の変化も面白く観察できる。

　いつも静かなコースは、中瀬沼コースだ。裏磐梯サイトステーションを出発し、レンゲ沼ではヒツジグサ、ジュンサイ、オヒルムシロ、ガマなどが目立つ。最近はヨシ群落が目立つようになってきた。途中にオオヤマザクラ(ベニヤマザクラ、エゾヤマザクラ)が多く分布しており、中瀬沼周辺は、福島県内で最も規模の大きいハンノキ林が観察できる。帰路はダケカンバやウダイカンバの木肌の美しさを楽しみながらヤドリギの多さを実感し、1周コースが終了する。以前、帰化水生物植物コカナダモが大繁殖し、水質汚濁が話題となったが、水質改善計画が実を結び、現在はあまり目立たない植物になっている。秋の紅葉シーズンもよいが、冬期積雪を利用しての、クロスカントリースキーによる雪上自然観察も魅力的である。

　裏磐梯は多様な環境のため、非常に豊かな植物環境となっていて、植物が人間の心を豊かにする事実を容易に確認できる絶好の場所となっている。

[甲子・白河方面]

　福島県中通りのサクラ前線は、福島市の信夫山から南下し、1日約25km進んで白河方面に到着する（浜通りは、1日約50km北上）。白河の南湖はソメイヨシノ（オオシマザクラ×エドヒガン）が、湖岸を一周して観賞することができる。ソメイヨシノは自然交雑種で、静岡県の伊豆半島に出現したとされ、福島県内の野生種より開花が早い。甲子は阿武隈川上流になっているので開花期が遅れるが、殆どがオオヤマザクラだ。野生種なのでソメイヨシノより開花期が遅い。前後してカタクリが開花するが、甲子・白河方面ともに満開ということはない。開花期がずれているのだ。カタクリは白河関跡に特に多い。小高い山ほとんど全山で見ることができる。やはり東や西の斜面に多く、南面は少なくなっている。ヤマブキなども同時に見られる。

　南湖のほとりの翠薬園（すいらくえん）は1801年（享和元）の築造で、人工的庭園としては日本で1番古いとされている。回遊式自然庭園である。南湖公園全体としては、遠方に那須連峰がつらなり借景園として価値が高い。アカマツが優占種で、カエデ類、サクラ類など造園樹木が多く、アズマシャクナゲ、シラネアオイなど美しい植物も観賞できる。水生植物のカキツバタも多く、古い庭園のため、その時間の美（aging）から、特に精神の安定に役立つようだ。美しい庭園を眺めながら抹茶を楽しむこともできる。

　甲子・白河方面の植物観察は、植物の開花期が場所によってどのように異なるか比較観察するのに適した場所となっている。甲子方面は、太平洋側の植物と日本海側の植物が混在していて、全国第3位の広大な福島県の複雑な植物の分布状況・植生を理解する絶好の場所と

もなっている。

[下郷町観音沼]

　栃木県境の那須連峰の大峠に近い奥地で、本来ならブナの原生林などが見られる地域であるが、現在は2次林のクリ―ミズナラ群落となっていて、人間が自然に手を加えてできた里山的な景観となっている。

　主な樹種は、クリ、ミズナラのほかにトチノキ、ナナカマド、オオヤマモミジ、ウワミズザクラ、ウリハダカエデ、オオヤマザクラ、ホオノキ、ヤマボウシ、リョウブ、エゾアジサイなどである。沼にはジュンサイ、ヒツジグサ、ミツガシワなどが目立っている。モリアオガエルの産卵場所としても知られている（星一彰：福島県の両生類相研究史　両生類誌 No.9　2002年）。

　阿賀川（大川）近くの落合集落から沼に向かうと、美しいシラカバの並木が見られる。下郷町の町木はシラカバで、南会津地方には多く分布している。同じ県内の吾妻連峰や裏磐梯には皆無となっているので、めずらしく感じるようだ。トチノキが多いが、当地では「栃餅」として大昔より利用しており、現在も、当地の道の駅などで販売されている。エゾアジサイなど日本海側の植物も分布しているので、くわしい調査研究が望まれる。

　近くの音金集落には、明治時代音金小学校があり、母方の祖父が校長兼訓導として勤めていた。教師は祖父1人だった。旭田小学校音金分校時代には、父が校長を務めていた。その後、下郷町立南小学校として独立したが、現在は廃校となり校門が残っている。残念ながら当時の学校周辺の植物の分布は全然分からない。

[駒止湿原]

　近年の労働は、肉体的にも精神的にも、疲労度を計ればそれほど高い数値ではないが、人間の持つ多くの能力の中の1つか2つだけひんぱんに使われ、ほかの多くの能力が使われないでとざされたままでいるという傾向になっている。余暇に思う存分人間らしい能力をできるだけ解放し、想像力やインスピレーションを自然の中から獲得することが、人間らしい生活を営むために大切になってくる。奥会津南会津の駒止湿原は出身地でもあるためか、真にこのような場所と考えられる。

　昔から積雪も多く、難所といわれてきた駒止峠には、駒も止まってしまうという伝説が残っている。昔は冬期間郵便物を人間が背負い、峠で交換してしていた。生鮮食品も背負って運搬していた。標高1100メートル内外の高地に、高層湿原、中層湿原、低層湿原、それに針葉樹林湿原と呼称されている北ヨーロッパで普通に見られる針葉樹林で、林床が湿原という特殊な湿原も存在する。観賞できる植物は変化に富んでおり、ミズゴケ、ツルコケモモ、ミカズキグサやニッコウキスゲ、ヒオウギアヤメ、ヌマガヤそしてヨシ、ミズバショウ、リュウキンカなどが、高、中、低層湿原のそれぞれの代表種となっている。樹木ではシラカバとダケカンバが混在していて、尾瀬が原と同じような景観を楽しむことができる。全体的にはブナが優占しているが、第2次世界大戦後、現地に開拓者が入り、ダイコンなどを栽培したため、現在湿原周辺はブナ林が少なくなっている。

　春先など、日本3大名鳥といわれるウグイス、カッコウ、コマドリの鳴き声が同時に聞かれるのもうれしい。周辺ではオクチョウジザク

ラ、カキツバタ、ヒオウギアヤメなどの美しい花々も観賞できる。モリアオガエルやクロサンショウウオなど野生動物も多い。

　山奥のため、あまり知られなかった湿原であったが、かくれた秘境駒止湿原の植物群落として、私が世に紹介した（雑誌「植物と自然」1968年ニューサイエンス社）。

[尾瀬]

　尾瀬国立公園が誕生し、福島県の田代山、会津駒が岳などが加わり広大な公園となった。福島県は全体の5割弱の面積である。福島県側から入り1日行程の場合を考えると、尾瀬沼周辺が中心となる。まず桧枝岐から入り、ブナ平の原生林を行く。緩傾斜地にこれだけのブナ林が見られるのは、日本全体的にも非常にめずらしいとされ、福島県の環境教育の拠点として、多く紹介されている（「尾瀬学習ナビ・ブック」福島県南会津振興局2011年）。

　尾瀬沼周辺には、オオシラビソが優占し、コメツガ、トウヒなどの針葉樹林帯（亜高山帯）となっており、ほぼ平坦な場所での森林学習が望まれる。まず、落葉樹林帯に比し、温度が低く、残雪が遅くまで残り、水供給の様子が観察できる。そして倒木が多く、古い倒木には針葉樹の芽ばえ（倒木更新）がよく観察できる。全体に一部落葉樹も混在し、階層構造を理解する好環境ともなっている。

　大江湿原はニッコウキスゲの大群落となっていて、中層湿原であることが理解される。タテヤマリンドウ、ヒメシャクナゲなども美しい姿を見せる。全体的にはヌマガヤが多く、多くの入山者にやすらぎ感を与えている。オゼヌマアザミなど尾瀬特有の植物も楽しむことができる。

尾瀬沼畔には、ヨシ、ミズバショウ、リュウキンカ、サワギキョウ、フトイそしてヒオウゲアヤメやカキツバタなど、美しい日本の代表的な観賞植物も多い。特にカキツバタは大変貴重な植物となっている。沼畔全体は低層湿原となっている。尾瀬は高層湿原で有名であるが、尾瀬が原の方に行かないと観察できない。大江湿原は、まだ高層湿原まで発達していない場所ということになる。

　環境省のビジターセンター付近には、多くの植物が見られるが、特にサクラ類として高山植物となっているミネザクラそしてミネザクラの変種となっているチシマザクラも見られる。特にチシマザクラは、福島県内では唯一か所の生育地となっている。尾瀬は積雪が多くサクラ類の開花は福島県内で最も遅く、6月に入ってからとなっている。県内のサクラ類の開花期の調査をするのも楽しい。4月早々にいわき市でソメイヨシノが開花し、追いかけるように野生種が開花し、最後は6月下旬尾瀬で野生種が開花する。広大な福島県を実感することができる。

[仙台野草園・東北大学植物園]

　100万都市ともいわれる仙台に自然林が残っている。モミ、アカマツを優占種とする森林モミ—コナラ—クリ群落、アカマツ—コナラ—ヤマツツジ群落、クリ—コナラ群落など一部残されており、植栽されたユリノキ、メタセコイア、ハンカチノキなどが大木となっている。トチノキ、ケヤキ、オオバボダイジュなども目立っている。

　野草園と呼称されるように野草類が多く集められている。福島県では分布が非常に少なくなっているヒメシャガ（郡山の市花でハナカツミとも呼んでいる）が見られるのはうれしい。水生植物園では、アヤ

メ、ヒオウギアヤメ、カキツバタなどシーズンごとに美しい花を咲かせている。特にカキツバタは、尾形光琳の国宝が有名で、大群落が見られるのは貴重だ。シャクナゲ類（Rhododendron 属）やアジサイ類（Hydoranger 属）、春と秋の七草などのコレクションもある。高山植物の植栽には低地のため少し無理があるが、コマクサ、チシマギキョウ、ハクサンフウロなどが見られる。絶滅危惧植物とされるクマガイソウ、ヤマシャクヤク、サクラソウ、キキョウなど観賞できるのもうれしい。水琴窟など音を楽しむことも可能だ。

　東北大学植物園の青葉山は、仙台地方の極相林でもあるモミ―イヌブナ―スズタケ群落となっていて、仙台藩が水資源確保のため、お裏林として保護してきたため、原生林に近いかたちで残っている。最下部にはロックガーデンもあり、植物園のようになっている。建物の中には、日本の森林についての解説などが展示されてあり、海岸に近い仙台市は、海流の影響からモミやイヌブナが多くなっている。特にモミは分布の北限とされており、大木が見られる。デリケートな植物カタクリの写真と模型による解説が見事で、見学者に喜ばれている。8年目に2葉になってはじめて開花する。水辺にはシロバナカタクリも見られ、アヤメ、ヒオウギアヤメ、ノハナショウブ、カキツバタなど比較して観賞できる。またヤマナラシとセイヨウヤマナラシが並列して植栽されてあり、生物多様性の理解を助けている。仙台という大都市で、このように植物に対する理解を深めることができるのはありがたい。

[日光東京大学植物園・湯の湖]

　東京大学植物園は、植物多様性の研究施設とされ、1902年（明治

35）の開設で、日本最古の植物園となっている。日本の温帯に種類が多いカエデ類、サクラ属、ツツジ属を多く集めている。イヌブナの大木が目立っている。日本最古の植物園のため、多くの植物学者が日光地方の植物を研究した。そのため日光地方の植物は、世界にも古くから知られるようになった。メグスリノキ（Acer nikoensis）、イチリンソウ（Anemone nikoensis）など日光の名を学名の一部に用いた植物やニッコウキスゲ、ニッコウシダ、シラネアオイ、シラネニンジンなど日光の地方名や山名から名付けた和名の植物も多い。

　ロックガーデンでは、イワカガミ、シラタマノキ、トガクシショウマ、コケモモ、ヒメシャガなど観察できる。水生湿地園では、クロバナノロウゲ、ミズバショウ、ミツガシワ、ミズドクサ、コウホネ、クリンソウ、サワギキョウなど多く、ノハナショウブ、ヒオウギ、アヤメ、カキツバタなど美しい花も植栽されてある。

　戦場が原は乾燥した湿原であり、周辺からズミやレンゲツツジなどが侵入し、特にズミ林のようになっている。開花期は特に美しい。展望台も設置されてある。

　湯の湖周辺は、ブナ―チシマザサ群落となっており、日本海側の植物分布となっている。環境省のビジターセンターがあり、展示物などにより周辺の自然環境を理解することができる。湯の湖１周コースに沿ってアズマシャクナゲの群落が多く、開花期には美しいピンクの花が観賞できる。アスナロも多く、明日は檜になろうということで、漢字で翌檜（あすなろ）と表現している。湖水の流出口付近にはズミも多くなっている。湖中には、まだ帰化植物のコカナダモが残っているようだ。ニホンジカの食害予防対策も多く見られる。

コメツガ、クロベ、ミズナラ、マイズルソウ、ヤマソテツ、シシガシラ、ヘビノネコザ、オシダ、シウリザクラ、ムラサキヤシオツツジなど、多様性に豊んだ植物群集が観察できる。

[北海道礼文・利尻]

　野外植物学講座も遠方になると１日コースでは無理で、北海道礼文・利尻は、福島空港から札幌へ、更に稚内空港へと空港を乗りかえて行き、乗船し礼文島へ。２泊３日の旅程となる。

　日本の植物の垂直分布を考えた場合、特に礼文島は高緯度地のため、海岸近くに高山植物が多く分布していて、特異な自然景観となる。

　固有植物が分布していることで喜ばれている。

　礼文島固有種はレブンソウ、アナマスミレ、レブンアツモリソウなど。利尻島固有種はリシリミミナグサ、リシリオダマキ、リシリヒナギク、リシリヨロイグサなど。そして両島固有としてリシリブシ、リシリソウなどがあり、それぞれの島分布の南限、北限の植物も数多く確認されている。

　１番人気のある植物はレブンアツモリソウであろう。アツモリソウは、福島県内でも各地に分布しているが、この植物は礼文島にしかない。非常に美しくめずらしいので、盗掘され、現在生育している個体数は非常に少なくなっており、現地では厳重な管理下にある。時間が制限され、有刺鉄線でかこまれて観察する状態であった。この事実が福島市松川で、クマガイソウを公開するときに参考にされた。やはり盗掘が問題となり、福島県の補助事業としてロープ（最初は有刺鉄線使用）を張って公開し、現在は小学生のパトロール隊なども活躍している。日本人のモラルはこの程度なのか、と考えさせられる事実では

ある。

　利尻島は利尻富士ともいわれる美しい利尻山（1721メートル）があり、植物の垂直分布を観察する絶好の環境となっている。エゾマツ、トドマツ、ダケカンバ、イタヤカエデなどの針広混交林そしてハイマツ帯へと移行するが、ハイマツは標高500メートル位から見られる。ハイマツ帯の頂上付近には、お花畑も見られる。福島県のハイマツ帯は、東北最高峰の燧岳（2346メートル）で確認されているだけだ。

　利尻島には"会津藩士顕彰碑"がある。1800年代（文化年間）徳川幕府は会津藩（福島県）に利尻島警備（北方警備）を命じた。藩士はロシア軍ではなく、冬将軍により多くの犠牲者を出した。

[スイスアルプス]

　「スイスアルプス花を訪ねる」6日間のスイス行が実現し、スイス各地を見聞したが、特にアイガー北壁の美しいふるさとの村グリンデルワルド（1034メートル）から登山電車（ユングフラウ鉄道）で、ユングフラウヨッホ（3454メートル）往復の様子を中心に、世界の植物の多様性について考えたい。

　上りのほぼ中間点のクライネシャイデック（2061メートル）の1つ前の駅で下車、徒歩で植物を観察しながら中間点まで、帰路も1つ前の駅で下車し、植物を観察しながら徒歩で中間点へ。

　具体的な植物名は、学名がそのまま使用されている場合が多く困難を極めるが、主な植物名についてクローズアップしたい。有名なアルペン・ローゼ（英名）はアルプスのバラでRhododendoron属であるが、日本でロードデンドロンと表現する場合は西洋シャクナゲのことで、東洋各地からの原種がヨーロッパで栽培しやすいように改良された植

物である。現地で野性的な植物の開花中を多く観察できた。

　プリムラ（Primula 属）サクラソウ科、アネモネ（Anemone 属）キンポウゲ科・日本のハクサンイチゲに似ている、ゲンチアナ（Gentiana 属）リンドウの仲間、ラヌンクルス（Ranunculus 属）キンポウゲ科キンポウゲ属、プルサテイア（Pulsatilla 属）キンポウゲ科オキナグサ属、カリアンテムム（Callianthemum 属）ヒダカソウ属、パパベル（Papauen 属）ケシ属、ケラステイウム（Ceraotium 属）ニミナグザ属、エリカ（Erica 属）ツツジ科など属名で表現されている。そのほか日本語的表現の植物名も多い。クリスマス・ローズ（キンポウゲ科）、アルプス・スミレ（スミレ科）、ソルダネラ（サクラソウ科）、アルパイン・ムーン・デイジー（キク科）フランスギクの高山型などだ。

　タンポポが各地に分布していたが、全部西洋タンポポで日本タンポポは1本もなかった。世界の植物分布区形は、北半球の広大な面積を全北区として取扱っていて、アメリカのレイネル国立公園やカナダのバンフ国立公園などには、日本と共通した野生植物も多かったが、スイスアルプスでは、日本と共通した植物は確認することができなかった。ミズバショウをさがしたが存在せず、日本で花卉として取扱っている野生のクロッカス（白色）などが多かった。日本の野生のウサギに似た動物が多い場所が Marmot Valley Trail となっていた。日本でのモルモットは実験用に使用している白色が普通だが、野ウサギのような感じであった。

　スイスアルプスの場合は、その雄大な自然の景観を楽しむことが中心になっているようだ。鉄道駅としてはヨーロッパで1番高いユングフラウヨッホを中心とした散策には、特別な楽しみがある。日本式の

赤い郵便ポストも置かれてある。

　スイスは観光立国ということで、登山電車に乗るとき、小団体なのに NHK Culture Center と表示してあった。福島県でも観光立県ということで、県立テクノアカデミー会津に観光プロデュース学科が設立（2010 年 4 月）され、私が自然科学的アプローチの「地域学」を担当、磐梯朝日国立公園を中心にフィールド学習も継続実施している。しかし、原発事故の影響からもりあがりがなく、非常に残念だ。

受賞・主な役職

○各種受賞など（年代順）

・1977年　郷土提言福島県優秀賞　毎日新聞社　自然保護―その教育と運動について―
・1979年　日本教育研究連合会賞―地域に密着した自然保護教育―財団法人・日本教育連合会　貴重な実践研究を進め、わが国教育の進展に寄与
・1982年　優秀指導者賞　福島県科学振興委員会　日本学生科学賞（全国、県）受賞
・1989年　NHK東北ふるさと賞　尾瀬ミズバショウに異変
・1993年　福島市小鳥の森開園10周年感謝状（福島県自然保護協会）　福島市長　小鳥の森発展に寄与
・2000年　環境庁長官表彰（福島県自然保護協会）　多年にわたり地域の環境保全に努めた
・2002年　みんゆう環境賞（福島県自然保護協会）　福島民友新聞社　創意に豊んだ行動計画を高く評価
・2005年　福島県知事表彰　県政の発展と住民の福祉の向上に寄与
・2006年　環境大臣表彰　ブナ原生林の保全など自然環境保全に尽力
・2009年　日本自然保護協会沼田賞　福島県における自然保護への貢献
・2010年　筑波大学同窓茗渓会顕彰　福島県内の環境保全活動や環境教育に中心的な立場で指導
・2011年　林野庁関東森林管理局感謝状　国有林事業に積極的に協力

・2015年　東日本高速道路株式会社感謝状　常磐自動車道自然環境保全対策検討会（17年間）

○役職（主なもの年代順）
・福島県尾瀬保護指導委員　1972年　12年間
・環境庁自然公園指導員　1975年　9年間
・福島県自然環境保全審議会　1979年　21年間
・日本自然保護協会評議員　1979年　21年間
・福島県学校教育指導委員　1980年　2年間
・福島県産業教育審議会専門調査委員　1983年　2年間
・日本生物教育学会理事　1984年　8年間
・東北の道を考える100人委員会委員　1991年　2年間
・建設省河川水辺の国勢調査アドバイザー　1992年　20年間
・文部省環境教育担当教員講習会講師　1994年　4年間
・林野庁森林生態系保護地域設定委員　1994年　2年間
・尾瀬保護財団評議員　1995年　現在
・国立磐梯青年の家研修指導員　1995年　19年間
・建設省美しい国土づくりアドバイザー　1996年　3年間
・福島県河川審議会委員　1996年　12年間
・建設省東北地方ダム管理フォローアップ委員　1996年　3年間
・林野庁森林生物遺伝資源保存林設定委員　1997年　2年間
・環境庁環境カウンセラー　1997年　17年間
・福島県希少野生動植物リサーチ事業検討委員会　1997年　1年間
・常磐自動車道自然環境保全対策検討会委員　1998年　17年間

・ふくしまレッドデーター作成検討委員　1998年　4年間
・国立磐梯青年の家環境学習プログラム開発委員　1999年　3年間
・福島県環境アドバイザー　1999年　現在
・林野庁緑の回廊設定委員　2000年　6年間
・福島県希少野生生物保護対策研究会委員　2002年　1年間
・福島県教委環境教育コーディネーター　2002年　5年間
・福島県環境保全審議会専門委員　2003年　4年間
・日本生態学会東北地区委員　2004年　2年間
・福島県特定希少野生動植物保護検討会委員　2004年　2年間
・福島県森林の未来を考える懇談会　2005年　8年間
・関東森林管理局国有林野管理審議会委員　2009年　現在
・福島県都市計画審議会環境影響評価専門委員　2010年　2年間
・福島県生物多様性推進協議会委員　2010年　5年間
・福島県立テクノアカデミー会津観光プロデュース学科非常勤講師　2010年　現在
・環境省尾瀬国立公園協議会委員　2012年　現在
・日本自然保護協会参与　2012年　現在
・福島県山間地域等直接支払制度評価検討会委員　2013年　現在

おわりに

　福島県の自然保護について、その歴史と思想を中心に、多方面よりアプローチを試みた。奥会津の出身で、学校教師4代継続している関係もあり、特に教育的アプローチが中心の記述となっている。

　1971年1月1日発行の会津若松市政だよりに、会津自然保護協会提言として「自然保護は教育から」が紹介された。自然破壊が急ピッチで進行する当時、自然保護教育（後に文部省により環境教育）の重要性をPRしたのであった。この活動方針を継続させ21世紀の今日に至っている。その間、福島県北地方の県立高校の創設に関係し、教科理科・生物をとおして環境教育の実践活動を展開したが、残念ながら公立高校の限界を認識するに至った。今後どのように活動を展開したらよいか、模索中である。

　現在、福島県立テクノアカデミー会津観光プロデュース学科（福島県喜多方市塩川町）で『地域学』を担当している。観光立県ということで2010年度に設立された短期大学校で、室内講義とフィールド学習をとおして観光資源論を展開中である。その中心軸となるのは、やはり自然保護の思想である。将来、福島県立大学に独立移行できるよう努力を継続してゆきたい。

参考文献

〇星一彰（1984）『自然保護・会津』　歴史春秋社
〇福島県自然保護協会編（1993）『尾瀬―自然保護運動の原点―』東京新聞出版局
〇日本自然保護協会（1993）『裏磐梯の自然観察』
〇アカデミア・コンソーシアムふくしま（2012）『福島学総論』

著者略歴

星一彰（ほし・かずあき）
1933年（昭和8）福島県南会津郡桧沢村（現南会津町）生まれ。会津中学、会津高校、東京教育大学農学部（現筑波大学生物資源学類）卒業。福島県立高校生物学教諭38年間。現在福島県自然保護協会会長、県環境アドバイザー、県自然観察指導員連絡会代表、県立テクノアカデミー会津非常勤講師、日本自然保護協会参与、林野庁国有林管理審議会委員、尾瀬保護財団評議員、NHK文化センター「野外植物学」講師など。
現住所・〒960-8003 福島県福島市森合字下り6-15
TEL（Fax兼）・024-557-8265

福島県の自然保護の歴史

2016年8月25日　第1刷発行

著　者／星　一彰

発行者／阿部　隆一

発行所／歴史春秋出版株式会社
〒965-0842 福島県会津若松市門田町中野大道東8-1
TEL.0242-26-6567　FAX.0242-27-8110

印　刷／北日本印刷株式会社

製　本／羽賀製本所

Printed in Japan 2016©
本書を無断で複写複製（コピー）することは、著作権法上の例外を除き禁じられています。
乱丁・落丁がございましたらお取替いたします。